わたしの研究

二《に》本《ほん》足《あし》で立《た》つってどういうこと？

香原志勢・文●つだ かつみ・絵

香原志勢（こうはら　ゆきなり）

1928年東京都生まれ。東京大学理学部人類学科卒業。信州大学医学部助教授を経て、立教大学教授、帝塚山学院大学教授。現在、立教大学名誉教授。日本顔学会前会長。人類学・人類行動学を専攻し、長年、人体と文化の関係について研究する。

主な著書に『人類生物学入門』(中央新書)、『人体に秘められた動物』(日本放送出版協会)、『顔の本』(講談社)など多数。子どもの本に『人間という名の動物』(小峰書店)などがある。

もくじ

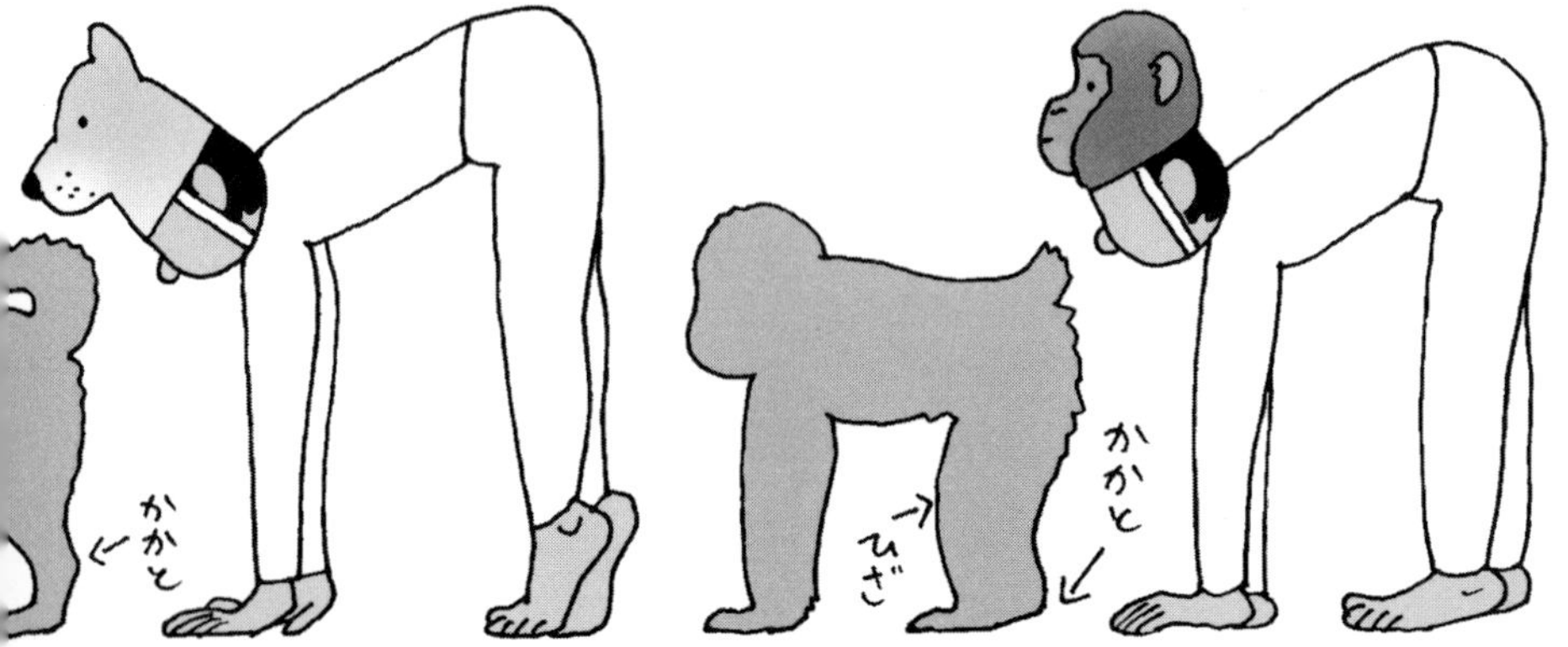

かかと
ひざ
かかと

装幀／本信公久

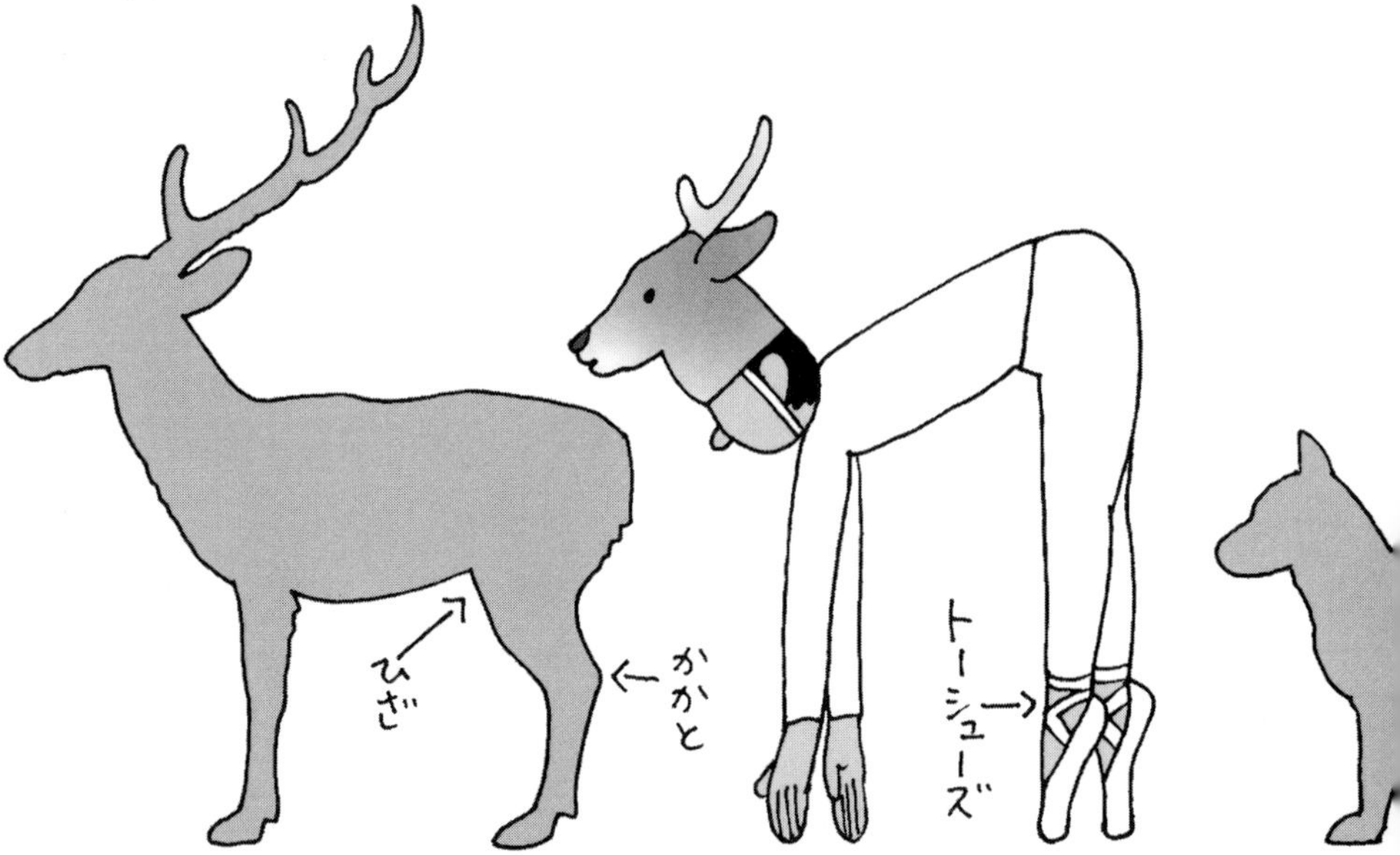

1　ヒトだけができるもの
――直立《ちょくりつ》姿勢《しせい》と直立《ちょくりつ》二《に》足《そく》歩《ほ》行《こう》

エジプトのピラミッドの近くには、巨大《きょだい》なスフィンクス像《ぞう》が腹《はら》ばいになっています。その体《からだ》はきびしい日《ひ》ざしと、砂《すな》まじりの風《かぜ》をうけて、だいぶ傷《いた》んでいます。それは、頭《あたま》はヒト、その体はライオンという、奇怪《きかい》な動物《どうぶつ》です。もちろん、スフィンクスは想像上《そうぞうじょう》の動物《どうぶつ》で、古代《こだい》のエジプトの神話《しんわ》のなかに登場《とうじょう》します（注①16ページ）。

そのスフィンクスの神話は、やがて海《うみ》をわたり、古代のギリシャに伝《つた》えられ、そこで「スフィンクスの謎《なぞ》の話」が生《う》みだされました。

ギリシャ神話《しんわ》のスフィンクスはこのような姿《すがた》でした。

ギリシャのスフィンクスは害獣《がいじゅう》でした。道《みち》ばたに立ち、とおる人《ひと》ごとに

「ひとつの声《こえ》をもって、朝《あさ》には四本《ほん》あし、昼《ひる》には二本あし、夜《よる》には三本あしになるものは、なんだ？」

と謎《なぞ》をかけ、答《こた》えられない者《もの》を食《く》い殺《ころ》しました。

あるとき、オイディプスという男《おとこ》がとおりかかり、

「それはヒトです。ヒトは、赤《あか》ちゃんのときは両《りょう》て両あし、つまり四本あしで這《は》い、成長《せいちょう》するにつれ二本あしで歩《ある》き、年《とし》をとると腰《こし》が曲《ま》がり、つえをつくので、

三本《ぼん》あしで歩《ある》くことになります」

と、きっぱり答《こた》えたので、スフィンクスはどうしようもなく、海《うみ》にとびこんで死《し》んだというお話《はなし》です。

赤《あか》ちゃんや年寄《としよ》りは別《べつ》として、昔《むかし》から、ヒトというものは二本あしで歩くものとされてきました。

ところで、二本あしで歩くのはヒトだけでしょうか？　ほかにどんなものがいるか、みなさんも考《かんが》えてください。

まず、ニワトリやダチョウがいますね。これらは二本あしで地上《ちじょう》を歩き、また走《はし》りまわります。空飛《そらと》ぶトリたちも地上や梢《こずえ》におりれば、翼《つばさ》をたたみ、二本あしで立《た》ったり、歩いたりします。ハトやサギなどは、左右《さゆう》のあしをかわりばんこに前《まえ》へだして歩きます。スズメなど小鳥《ことり》たちは、両《りょう》あしをそろえて、ぴょんぴょんはねて前進《ぜんしん》します。

しかし、おなじ二本《ほん》あしでも、トリとヒトとでは歩《ある》くときの姿勢《しせい》が、だいぶちがいます。

それでは、トリが歩く姿《すがた》をまねしてみましょう。まず、二本のあしで立《た》ち、腰《こし》を大《おお》きく曲《ま》げて、胴体《どうたい》を前方《ぜんぽう》へたおして水平《すいへい》にし、左右《さゆう》の腕《うで》は胴体《どうたい》にぴったりつけます。そして、顔《かお》をあげて、正面《しょうめん》をむき、二本のあしで歩くのです。

どうです。うまくできますか。まるで、腰の曲がったお年寄《としよ》りのような歩き姿ですね。これがツルやハクチョウであったならば、くびをさらに潜望鏡《せんぼうきょう》のように、ひょろひょろ高《たか》くもちあげなければなりません。

二本《ほん》あしで歩《ある》くといっても、トリとヒトでは、たいへんちがいます。ヒトが歩くときは、胴体《どうたい》をまっすぐ垂直《すいちょく》に立《た》てています。

でも、トリのなかにも、胴体を垂直に立てているものがいます。それはペンギンです。なるほど、テレビや動物園《どうぶつえん》や水族館《すいぞくかん》などでみられるペンギンは、顔《かお》をちょっと斜《なな》め上《うえ》にむけ、胴体をかなり垂直に立てています。

へらのような固《かた》い翼《つばさ》は、胴体のわきから左右斜《さゆうなな》め下《した》へつきだします。少《すこ》し傾斜《けいしゃ》した背中《せなか》は黒《くろ》、腹側《はらがわ》は白のふっくらした部屋着《へやぎ》をまとっているようにみえます。その裾《すそ》からは、スリッパのようなあしがのぞいています。それは、おどけた紳士《しんし》のようだといえましょう。

このペンギンは、ふっくらした体《からだ》を左右にふりながら、氷《こおり》の上をがに股《また》で、よちよち歩きます。ときにはつまずいて、そのまま前《まえ》へばったりころび、は

X線写真《エックスせんしゃしん》を撮《と》って、
ペンギンの骨格《こっかく》をみて
みると…。

ずみで、腹《はら》で前へすべっていきます。なだらかでも、氷《こおり》の坂道《さかみち》ならば、すべるほうが、はるかに楽《らく》に進《すす》めます。

ところで、ペンギンの体《からだ》のなかの骨格《こっかく》を、X線写真《エックスせんしゃしん》を撮《と》ってみてみます。すると、驚《おどろ》いたことに、ペンギンは、ヒトのように、あしをまっすぐのばして立《た》っているのではないことがわかります。

ペンギンは長《なが》い胴体《どうたい》をまっすぐ立てたまま、どかんと腰《こし》をおとし、あしうらをぺたんと地《ち》につけたまま、短《みじか》いあしを折《お》って、しゃがんでいるのです。歩くときは、しゃがんだまま、片《かた》あしをかわりばんこに前へだして進《すす》みます。

このかっこうを、あなたもまねして歩《ある》いてみませんか。一歩《いっぽ》、片《かた》あしを前へだすのも骨《ほね》がおれます。ロシアのコサックの踊《おど》りでは、しゃがんだまま、ぴょんぴょんはねまわりますが、これは、よほど筋肉《きんにく》の力《ちから》が必要《ひつよう》で、猛訓練《もうくんれん》をした人しかできない踊りです。


ヒトは胴体《どうたい》を垂直《すいちょく》に立《た》て、腰《こし》もひざも、できるだけ曲《ま》げずに、ひざをまっすぐのばして立ちます。左右《さゆう》の腕《うで》も肩《かた》からまっすぐに下《した》へのばして、垂《た》らします。その姿《すがた》を横《よこ》からみると、一直線《いっちょくせん》の棒《ぼう》のようになります。

もっとも、棒立《ぼうだ》ちだとたおれてしまいますから、のばしたあしをかかとで直角《ちょっかく》に曲げ、あしうらを地面《じめん》につけて立ちます。それは、極端《きょくたん》に細長《ほそなが》いL《エル》の字《じ》の姿《すがた》になります。

こういう姿を「直立姿勢《ちょくりつしせい》」といいます。頭《あたま》も胴体も二本《ほん》のあしも、地面と

直角《ちょっかく》に立てて立つということで、それは、ヒトの重要《じゅうよう》な特徴《とくちょう》なのです。

これまで、ヒトの立《た》ち姿《すがた》だけを考《かんが》えてきましたが、こんどは歩《ある》く姿を考えてみましょう。みなさんも、ふだん、自分《じぶん》がどんなふうに歩いているか、思《おも》いおこしてください。

まず、直立姿勢《ちょくりつしせい》から、二本《ほん》のあしのどちらか一方《いっぽう》のひざを曲《ま》げ、かかとを少《すこ》しあげて、あし全体《ぜんたい》を浮《う》かして前《まえ》のほうへだします。それとほぼ同時《どうじ》に、上半身《じょうはんしん》を心《こころ》もち前へかたむけると、のばしたあしは、かかとから地面《じめん》につきます。そのときはすでに、もう片方《かたほう》のあしは、かかとがもちあがり、おなじように前《まえ》へでます。

左右《さゆう》のあしの動《うご》きにつれて、左右の腕《うで》も前後《ぜんご》にふるようになります。つまり、右《みぎ》のあしが前へ踏《ふ》みだすと、左《ひだり》の腕が前へふりだされ、からだの左右のバランスがうまくとられることになります。

これがヒトの歩《ある》き方《かた》で、「直立二足歩行《ちょくりつにそくほこう》」といいます。直立二足歩行に対《たい》し、一般《いっぱん》の動物たちの歩き方は「四足歩行《しそくほこう》」とよばれます。

サルはふつう、四足歩行をします。しかし、ときどき二本《ほん》のあしで立《た》ち、また歩くことがあります。でも、そのときのサルのくびや背中《せなか》は、丸《まる》くなって前へかがみ、腰《こし》はおちて、ひざはほぼ直角《ちょっかく》に曲《ま》がります。それは、ヒトの立ち姿《すがた》、歩く姿とは大《おお》きく異《こと》なります。

イヌも二本あしで立って、ちんちんしたり、なかには、二本あしをうまくつかって、歩くものがいます。

イヌもサルも、
二本《ほん》あしで立《た》って歩《ある》くことはできますが…。

わが家《や》で昔《むかし》飼《か》っていたマルチーズ犬《けん》も、いつのまにか二本《ほん》あしで歩《ある》きましたが、そのとき、後《うし》ろあしは、ちょうど竹馬《たけうま》の足先《あしさき》が地面《じめん》につくように、つま先《さき》でよちよち進《すす》むような、ぎごちないものでした。前《まえ》あしを胸《むね》の前でひっこめ、手《て》くびとひじをこちこちに曲《ま》げていました。

それは、飼《か》い主《ぬし》に甘《あま》えるときの歩き方《かた》でした。

その点《てん》、ヒトは片手《かたて》に荷物《にもつ》をもち、もう一方《いっぽう》の手をポケットにいれ、あたりをながめながら鼻歌《はなうた》まじりに、ゆうゆうと歩けます。

ヒトの直立姿勢《ちょくりつしせい》、直立二足歩行《ちょくりつにそくほこう》というものは、動物《どうぶつ》の世界《せかい》でも、きわめて独特《どくとく》なものだといえます。みなさんが自分《じぶん》の体《からだ》を考《かんが》えたり、きたえたりするとき、このことがとてもたいせつになります。

注① 紀元前《きげんぜん》三〇〇〇年、今から五〇〇〇年ほど前からナイル川流域《りゅういき》に栄《さか》えた文明《ぶんめい》を、古代《こだい》エジプト文明といいます。もっとも古い文明のひとつで、ピラミッドやスフィンクスをはじめ、たくさんの神殿《しんでん》や神話《しんわ》、科学や技術が創《つく》りだされました。二〇〇〇年ほど続《つづ》きました。

2 あし——足《あし》、下腿《かたい》、大腿《だいたい》、下肢《かし》

この本《ほん》では、これまで「直立二足歩行《ちょくりつにそくほこう》」以外《いがい》は、「足《あし》」とは書《か》かず、「あし」で表《あらわ》してきました。それは、わたしたちが日ごろつかう日本語では、あしとよんで、それぞれちがうものをさしてきたからです。

「あしが大《おお》きくなって、靴《くつ》があわなくなった」、「あしにすねあてをあてる」、そして「あしが長《なが》い」のあしは、それぞれちがうものをさしていますね。わかりますか？

あしについて科学的《かがくてき》に考《かんが》えるばあい、それでは困《こま》ります。そこで、ちょっと難《むずか》しくなりますが、はっきりしたことばをつかうことにします。図《ず》をみな

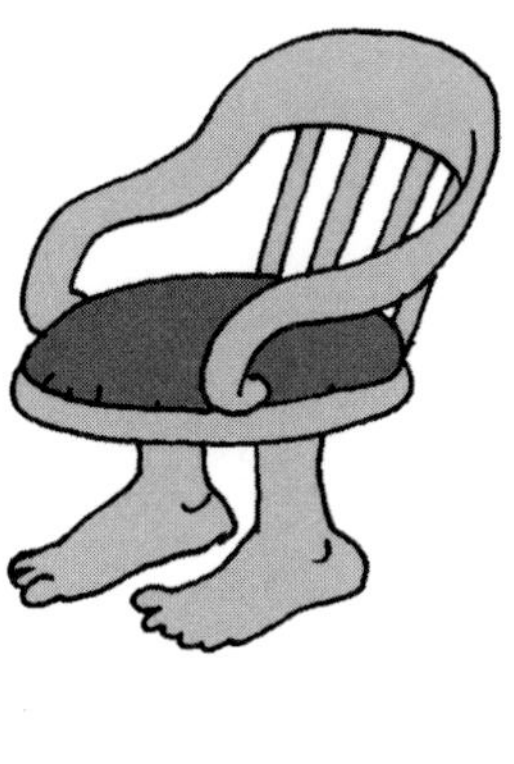

がら、頭《あたま》にいれてください。
腰《こし》の関節《かんせつ》からひざまでのももの部分を「大腿《だいたい》」、ひざからくるぶしまでを「下腿《かたい》」、そして、くるぶしの下の、かかとからあし指《ゆび》までを「足《あし》」とよびます。大腿は、ゆたかに筋肉《きんにく》がついているので、ふとももともいいます。ひざの反対側《はんたいがわ》のくぼみは、ひかがみとよばれます。

下腿はすね、またははぎともいいます。その前側《まえがわ》の骨《ほね》のあたりがむこうずね、そして、後《うし》ろの筋肉がふっくらついている部分《ぶぶん》は、ふくらはぎです。

くるぶしとは、あしくびの下《した》にあって、内側《うちがわ》と外側《そとがわ》にでっぱっている骨のかたまりの部分をいいます。足は、足の甲《こう》、足のうら、かかと、足指《あしゆび》にわけられます。

そして、大腿と下腿と足のすべてをあわせたものが、「下肢《かし》」です。

てあし（手足《てあし》）というように、てについてもおなじことがいえます。肩《かた》からひじまでが「上腕《じょうわん》」、ひじから手《て》くびまでが「前腕《ぜんわん》」、そして、手くびから

てあし(手足《てあし》)の名前《なまえ》

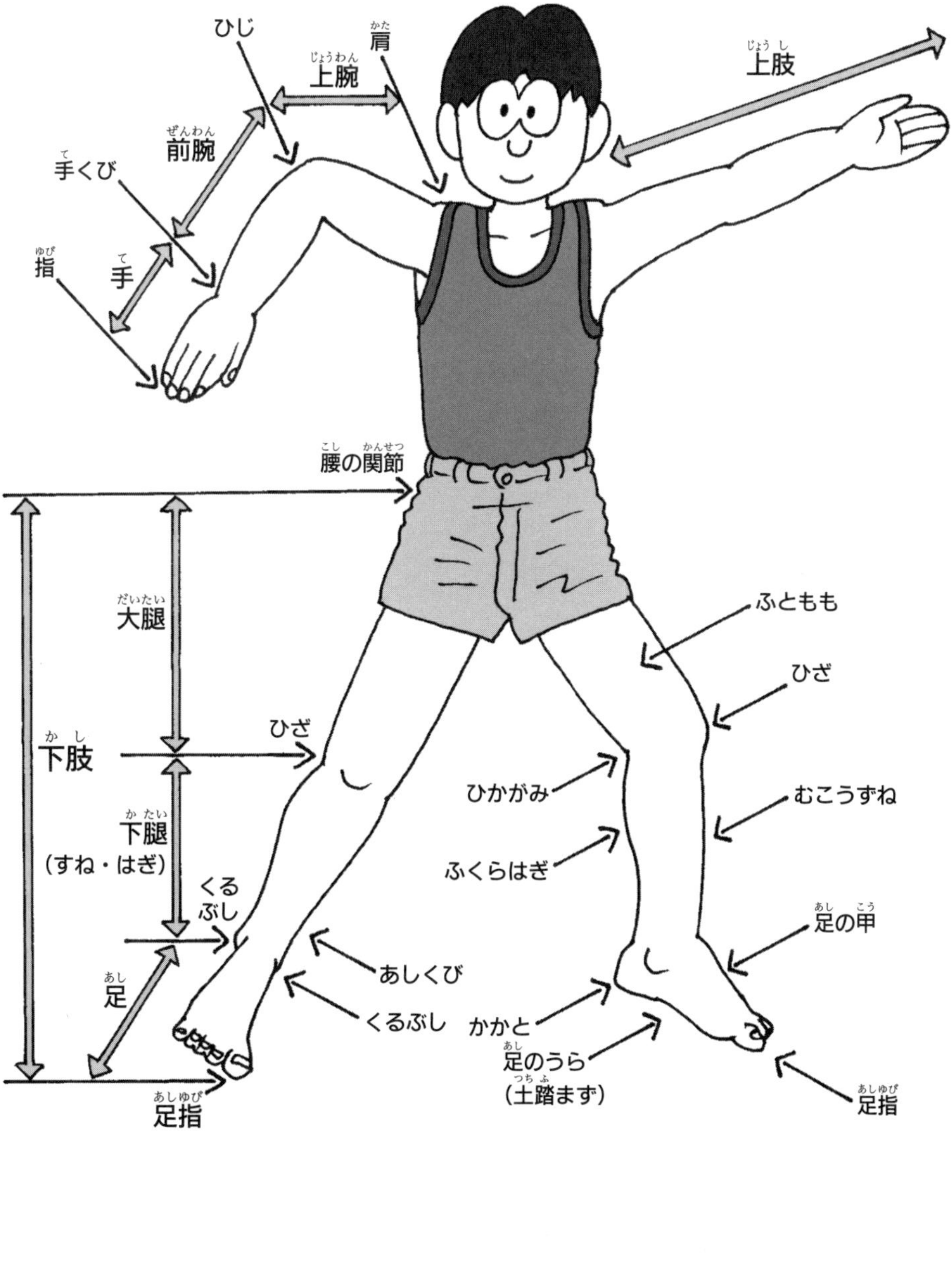

指《ゆび》までが「手」とよばれ、これらすべてをあわせたものが、「上肢《じょうし》」なのです。

ヒトは直立《ちょくりつ》しているので、上肢《じょうし》・下肢《かし》といいますが、他《た》の動物《どうぶつ》たちは「四《し》足歩行《そくほこう》」をしますから、それにあわせて、「前肢《ぜんし》」、「後肢《こうし》」とよびます。ヒトの上肢は前肢に、下肢は後肢になるわけです。

ところで、下肢と上肢は、骨《ほね》をみると、その組《く》み立《た》てとしくみが、じつによく似《に》ています。その理由《りゆう》は、後《のち》ほど考《かんが》えることにして、これらふたつをくらべて、つきあわせたものが、左《ひだり》の表《ひょう》と図《ず》です。なお、この本では「二本あ、い、し」は、ふつう一般《いっぱん》に表記《ひょうき》されているように「二本足」とします。

上肢《じょうし》	上腕《じょうわん》	**上腕骨《じょうわんこつ》**
	前腕《ぜんわん》	**前腕骨《ぜんわんこつ》** ●**橈骨《とうこつ》** ●**尺骨《しゃくこつ》**
	手《て》	**手根骨《しゅこんこつ》** **中手骨《ちゅうしゅこつ》** **指節骨《しせつこつ》**

下肢《かし》	大腿《だいたい》	**大腿骨《だいたいこつ》**
	（ひざ）	**（膝蓋骨《しつがいこつ》）**
	下腿《かたい》	**下腿骨《かたいこつ》** ●**脛骨《けいこつ》** ●**腓骨《ひこつ》**
	足《あし》	**足根骨《そっこんこつ》** **中根骨《ちゅうこんこつ》** **指節骨《しせつこつ》**

てあし(手足《てあし》)の骨《ほね》とその名前《なまえ》

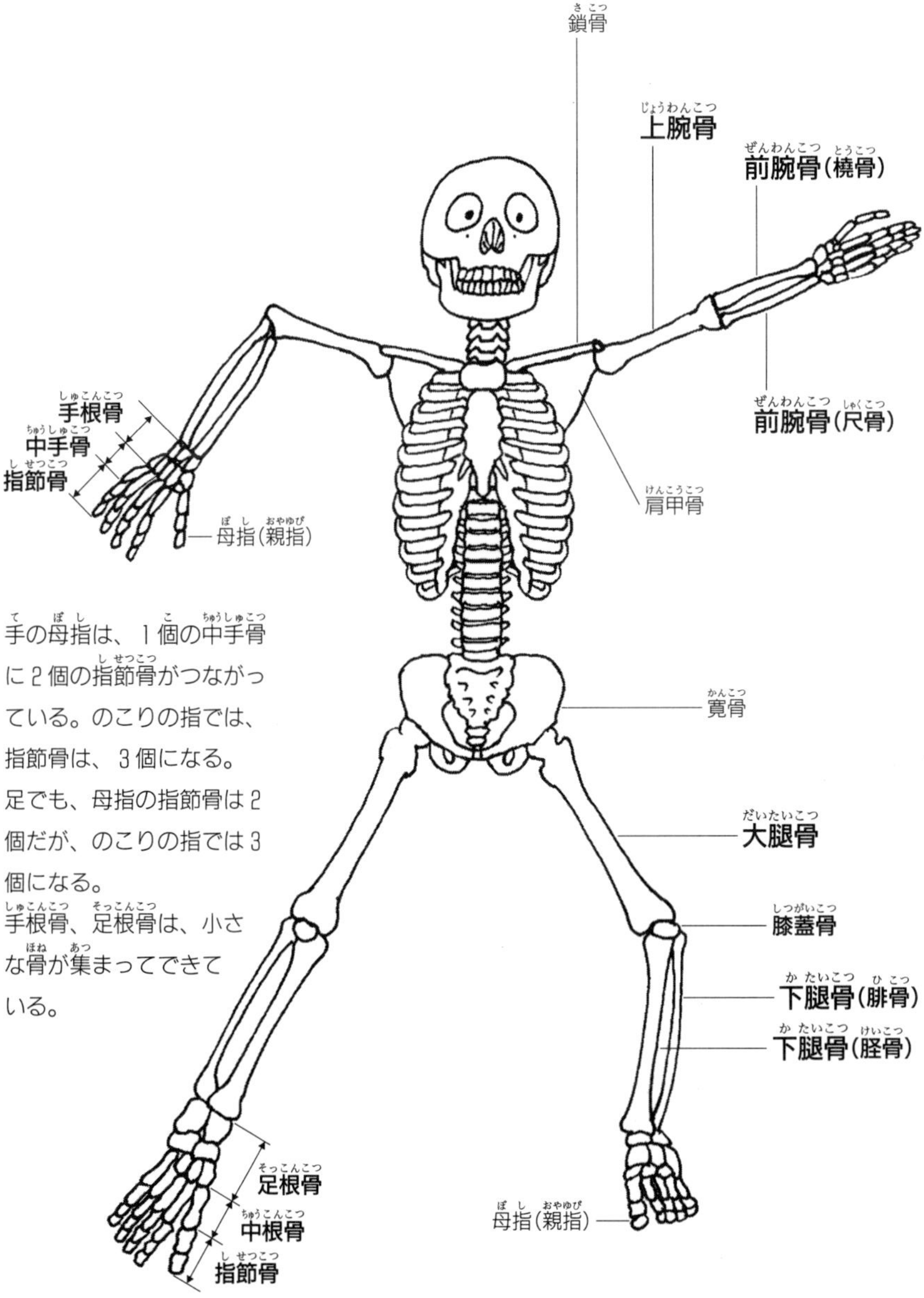

手《て》の母指《ぼし》は、1個《こ》の中手骨《ちゅうしゅこつ》に2個の指節骨《しせつこつ》がつながっている。のこりの指では、指節骨は、3個になる。足でも、母指の指節骨は2個だが、のこりの指では3個になる。手根骨《しゅこんこつ》、足根骨《そっこんこつ》は、小さな骨《ほね》が集《あつ》まってできている。

3 動物《どうぶつ》を分類《ぶんるい》する

ヒトのあしや歩《ある》き方《かた》を、じゅうぶんに理解《りかい》するためには、動物《どうぶつ》の世界《せかい》のなかで、ヒトが、どんな立場《たちば》にいるかを知《し》っておくとよいでしょう。

それには、動物たちの分類《ぶんるい》を頭《あたま》にいれておくと、わかりやすいでしょう。

動物は、数多《かずおお》くの「種《しゅ》」から成《な》っています。ある種が、他《た》のいろいろな種と、どのていど遠《とお》い親類《しんるい》であるか、また、近《ちか》い親類であるかを調《しら》べることで、動物の分類はつくりあげられます。

まず動物は、体《からだ》の内部《ないぶ》に背骨《せぼね》があるか、ないかで、「脊椎動物《せきつい》」と「無脊椎《むせきつい》動物」に大分《おおわ》けされます。「脊椎」とは、背骨のことです。

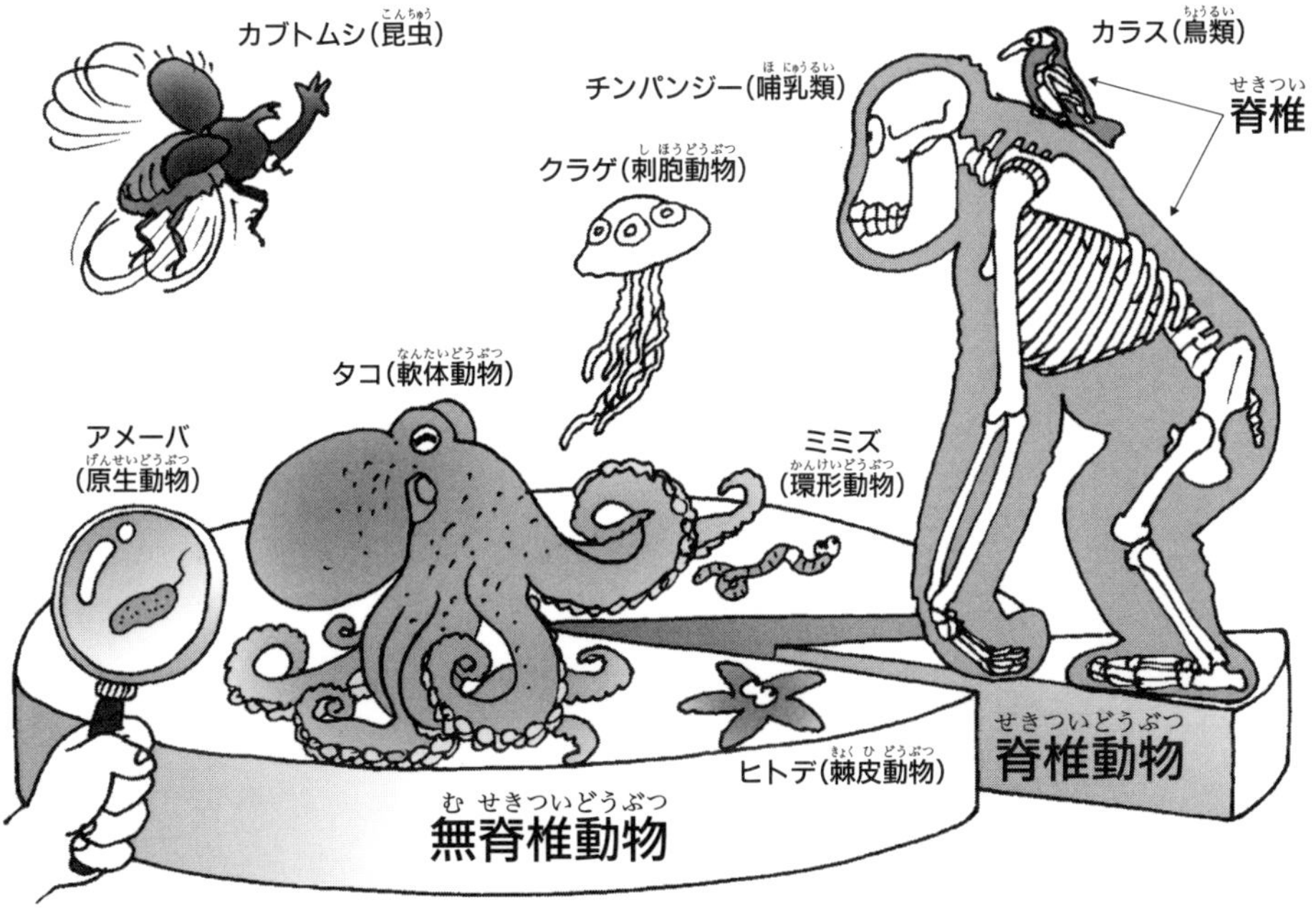

動物《どうぶつ》の種《しゅ》の数《かず》は、数百万《すうひゃくまん》もありますが、その大部分《だいぶぶん》は、無脊椎動物《むせきついどうぶつ》です。昆虫《こんちゅう》、タコ、エビ、ミミズなど、おなじみの小《しょう》動物《どうぶつ》は、そちらへ入《はい》ります。

無脊椎動物は、一般《いっぱん》に小《ちい》さく、なかには顕微鏡《けんびきょう》でやっとみえるという、ごく小さいものも多数《たすう》います。カブトムシやチョウ、イセエビやタコは、進化《しんか》した類《るい》です。どれもあしがあって、これで動《うご》きまわります。

この「進化」とは、ある生物《せいぶつ》が、数千《すうせん》年《ねん》、数万年《すうまんねん》という、ごく長《なが》い年月《ねんげつ》のうちに、代々《だいだい》、まわりの世界《せかい》にうまくあわせて、体《からだ》のつくりや働《はたら》き、行動《こうどう》や生活《せいかつ》のしかたが変化《へんか》していくことです。

そのぶん、体《からだ》は複雑《ふくざつ》になります。おなじあしでも、ワニのあしにくらべれば、ウマのあしは、ずっと進化《しんか》しています。

脊椎動物《せきついどうぶつ》は、一般《いっぱん》に、無脊椎動物《むせきついどうぶつ》より、はるかに進化した動物です。それは、体の内部《ないぶ》に、背骨《せぼね》という心棒《しんぼう》があるためで、そこで体のつくりは、しっかりしたものになります。

脊椎動物は「魚類《ぎょるい》」、「両生類《りょうせいるい》」、「爬虫類《はちゅうるい》」、「鳥類《ちょうるい》」、「哺乳類《ほにゅうるい》」という、五つの「綱《こう》」に入《はい》ります。

この「綱《こう》」とは、生物《せいぶつ》を分類《ぶんるい》するさい、大分《おおわ》け、小分《こわ》けの段階《だんかい》の高《たか》さを示《しめ》すものです。

ひと口《くち》にいうと、住所《じゅうしょ》を、県《けん》・市《し》・町《ちょう》・丁《ちょう》・番《ばん》・号《ごう》で示すように、生物《せいぶつ》のばあいは、門《もん》・綱《こう》・目《もく》・科《か》・属《ぞく》・種《しゅ》で表《あらわ》します。

分類上《ぶんるいじょう》の位置《いち》の例《れい》をあげれば、ヒトは、脊椎動物門《せきついどうぶつもん》・哺乳綱《ほにゅうこう》・霊長目《れいちょうもく》・ヒ

わたしは
地球《ちきゅう》にある日本の
静岡県《しずおかけん》
浜松市《はままつし》
国吉町《くによしまち》2―7に住《す》む
脊椎動物門《せきついどうぶつもん》・哺乳綱《ほにゅうこう》・
霊長目《れいちょうもく》・
ヒト科《か》・
ヒト属《ぞく》・ヒト(種《しゅ》)の
香原《こうはら》です。

ト科《か》・ヒト属《ぞく》・ヒト（種《しゅ》）です。また、スズメは、脊椎動物門《せきついどうぶつもん》・鳥綱《とりこう》・スズメ目《もく》・ハタオリドリ科《か》・スズメ属《ぞく》・スズメ（種《しゅ》）となります。

これら脊椎動物の五つの鋼のうち、最《さい》古《こ》のものは「魚類《ぎょるい》」です。

魚類は、海水中《かいすいちゅう》に生《う》まれました。長《なが》いあいだに魚類は、数多《かずおお》くの種に分《わ》かれましたが、絶滅《ぜつめつ》した種も少《すく》なくありません。今日《こんにち》みられるのは、その生《い》きのこりです。

魚類のなかの変《か》わり者《もの》が、エラのかわりに肺《はい》を身《み》につけて、陸上《りくじょう》に出《で》て、「両生《りょうせい》類《るい》」の祖先《そせん》に進化《しんか》しました。両生類とし

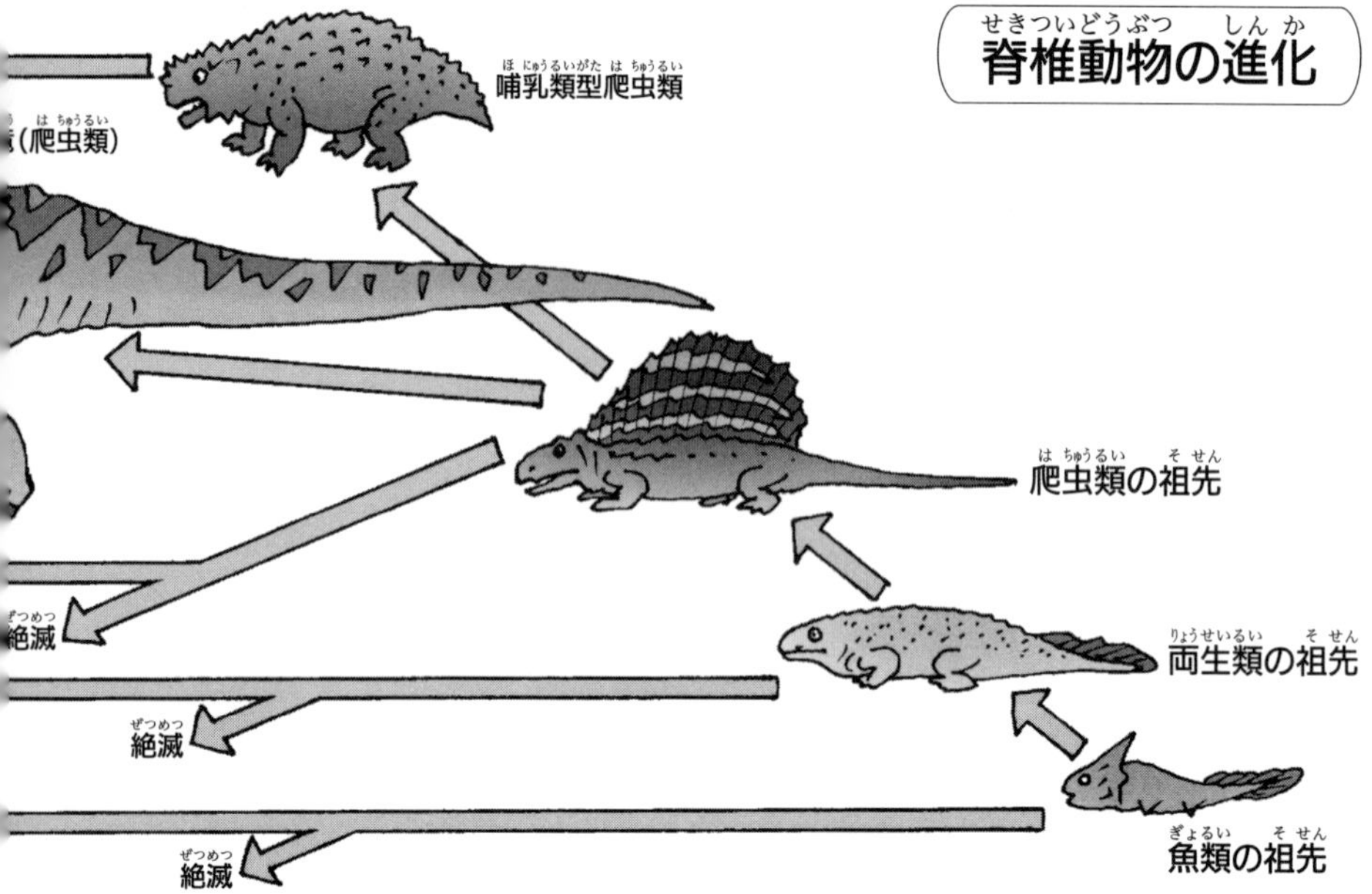

脊椎動物《せきついどうぶつ》の進化《しんか》

ては、今日《こんにち》、イモリやサンショウウオやカエルなどがいます。

「爬虫類《はちゅうるい》」には、ワニやカメやトカゲがいます。

恐竜《きょうりゅう》もその一族《いちぞく》で、その昔《むかし》、繁栄《はんえい》し、大小《だいしょう》さまざまな姿《すがた》のものがいましたが、やがて絶滅《ぜつめつ》してしまい、今日《こんにち》では、化石《かせき》でしか、その姿をみることはできません。

ところが、絶滅する前《まえ》に、恐竜のあるものから分《わ》かれて、進化《しんか》したのが「鳥類《ちょうるい》」です。

鳥類と恐竜と、似《に》ても似つかないのですが、骨《ほね》のつくりに共通点《きょうつうてん》があります。

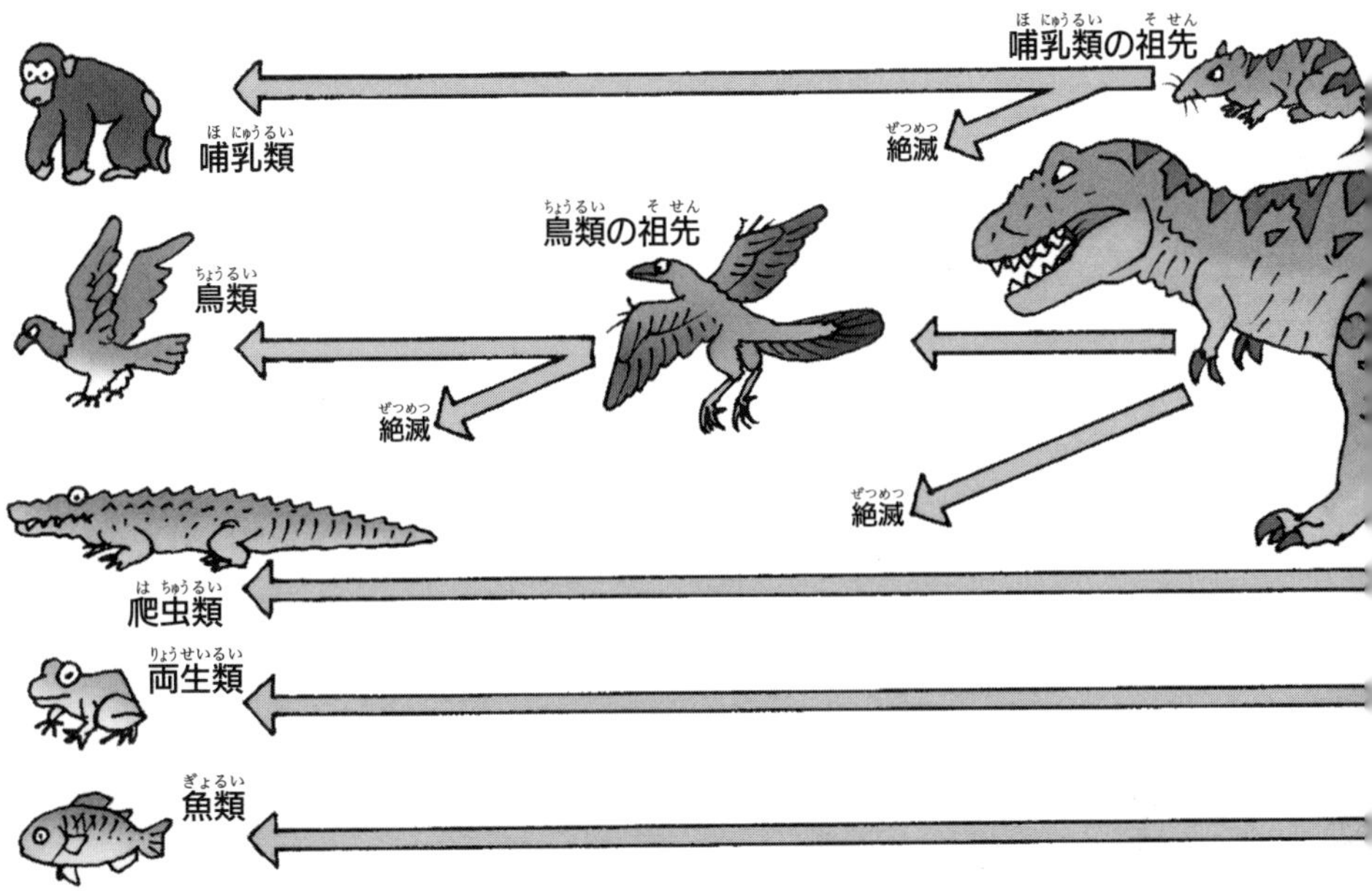

そして、鳥《とり》の羽毛《うもう》は、恐竜《きょうりゅう》の鱗《うろこ》が変《か》わったものです。

これまで述《の》べた、脊椎動物《せきついどうぶつ》の進化《しんか》の道《みち》が、上の図《ず》に描《えが》かれています。じっくりながめて、じゅうぶんに頭《あたま》にいれてください。

動物《どうぶつ》が生《い》きていくには、まわりの温度《おんど》がたいせつです。温度が低《ひく》くなると、体《からだ》の動《うご》きはのろくなり、ときには死《し》んでしまいます。

ところが、鳥類《ちょうるい》と哺乳類《ほにゅうるい》は、まわりの温度が低くなっても、あるていどまで、自分《じぶん》の体温《たいおん》を一定《いってい》に保《たも》つことができます。

さまざまな哺乳類《ほにゅうるい》

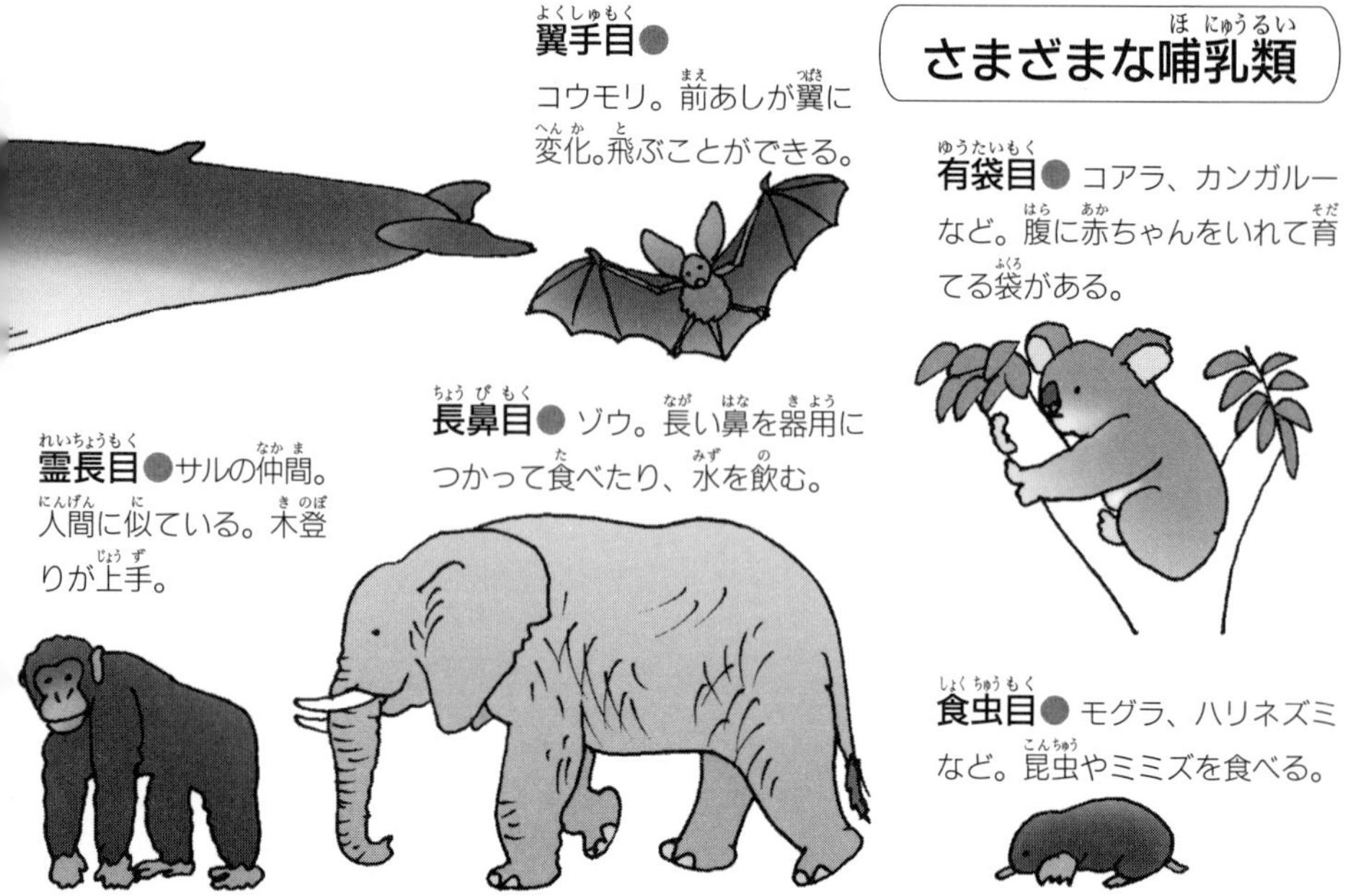
翼手目《よくしゅもく》● コウモリ。前《まえ》あしが翼《つばさ》に変化《へんか》。飛《と》ぶことができる。
有袋目《ゆうたいもく》● コアラ、カンガルーなど。腹《はら》に赤《あか》ちゃんをいれて育《そだ》てる袋《ふくろ》がある。
霊長目《れいちょうもく》● サルの仲間《なかま》。人間《にんげん》に似《に》ている。木登《きのぼ》りが上手《じょうず》。
長鼻目《ちょうびもく》● ゾウ。長《なが》い鼻《はな》を器用《きよう》につかって食《た》べたり、水《みず》を飲《の》む。
食虫目《しょくちゅうもく》● モグラ、ハリネズミなど。昆虫《こんちゅう》やミミズを食べる。

そこで、これらは「恒温動物《こうおんどうぶつ》」、あるいは「温血動物《おんけつどうぶつ》」とよばれます。それは、進化《しんか》した動物《どうぶつ》である証拠《しょうこ》です。

さて、昔《むかし》から、コウモリは、空を飛《と》びまわるので、鳥《とり》のなかまだという人があり、また、全身《ぜんしん》に毛《け》が生《は》えているから、獣《けもの》の類《たぐい》と考《かんが》える人がいます。どちらが正しいでしょうか？

たしかに、多《おお》くの鳥は飛びますが、ダチョウのように、飛ばない鳥もいますね。

鳥類《ちょうるい》である、いちばんたいせつなことは、全身《ぜんしん》が羽《はね》でつつまれることです。

いっぽう、哺乳類《ほにゅうるい》は獣《けもの》、つまり、「毛《け》もの」

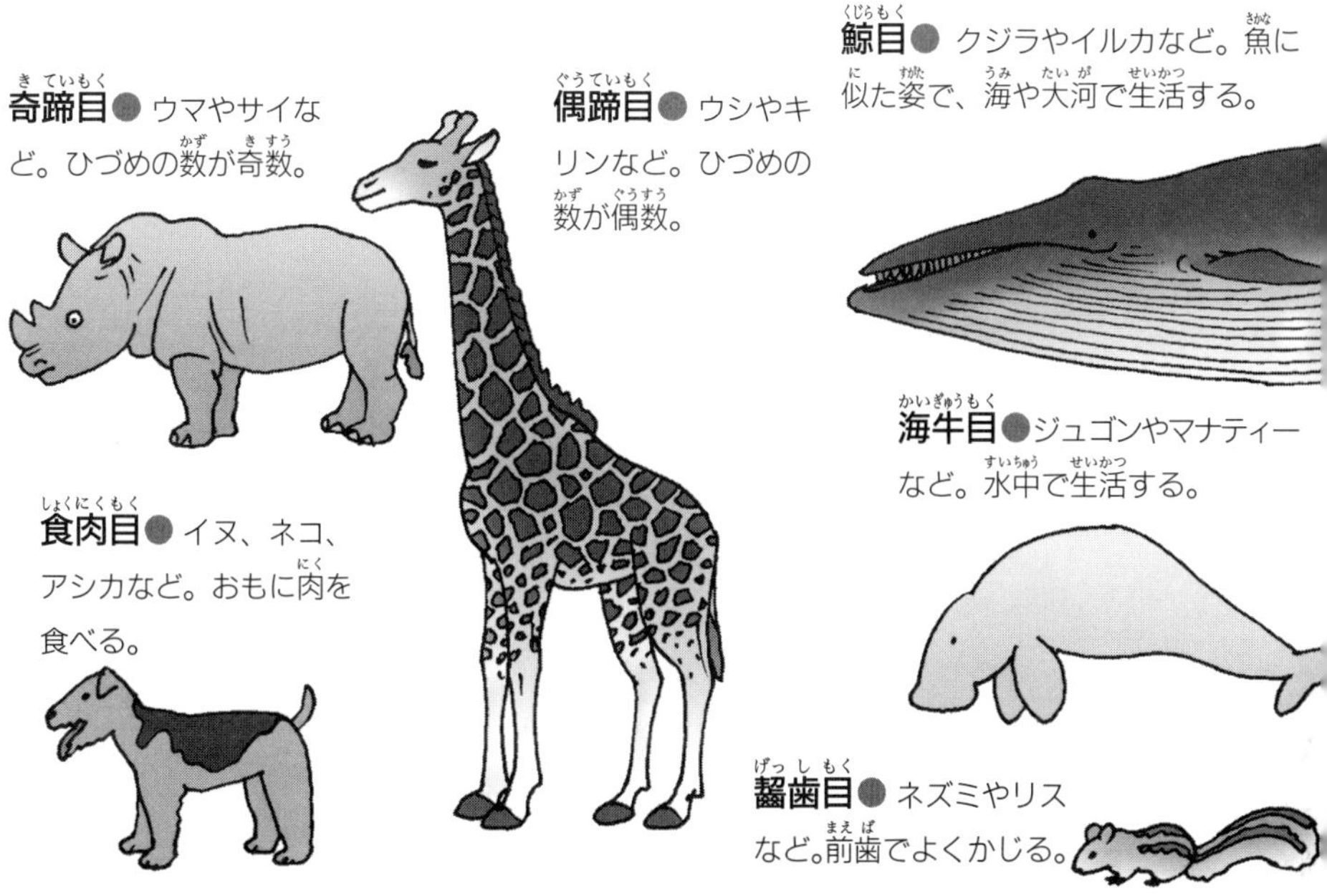
奇蹄目《きていもく》 ウマやサイなど。ひづめの数《かず》が奇数《きすう》。
偶蹄目《ぐうていもく》 ウシやキリンなど。ひづめの数《かず》が偶数《ぐうすう》。
鯨目《くじらもく》 クジラやイルカなど。魚《さかな》に似《に》た姿《すがた》で、海《うみ》や大河《たいが》で生活《せいかつ》する。
海牛目《かいぎゅうもく》 ジュゴンやマナティーなど。水中《すいちゅう》で生活《せいかつ》する。
食肉目《しょくにくもく》 イヌ、ネコ、アシカなど。おもに肉《にく》を食べる。
齧歯目《げっしもく》 ネズミやリスなど。前歯《まえば》でよくかじる。

とよばれますが、いちばん重要《じゅうよう》なことは、母親《ははおや》が赤《あか》ちゃんをお乳《ちち》で育《そだ》てることです。「哺《ほ》乳《にゅう》」とは、「乳《ちち》で育てる」という意味《いみ》です。

コウモリは、鳥《とり》のように卵《たまご》を産《う》みません。赤ちゃんを生《う》んで、お乳で育てます。つまり、答えは、コウモリは哺《ほ》乳類《にゅうるい》です。

さて、哺乳類の祖先《そせん》は、恐竜《きょうりゅう》を恐《おそ》れるように、森《もり》の片《かた》すみでひっそりくらしていましたが、恐竜が滅《ほろ》びると、地球上《ちきゅうじょう》、いたるところにすむようになりました。

それは、森《もり》、草原《そうげん》、山、川、土の中、砂浜《すなはま》、氷《こおり》の上と、さまざまでしたから、

ヒトの一族《いちぞく》・霊長目《れいちょうもく》

真猿類《しんえんるい》● アジア、アフリカにすむものを「旧世界《きゅうせかい》ザル」、中央《ちゅうおう》・南《みなみ》アメリカにすむものを「新世界《しんせかい》ザル」とよぶ。ニホンザルは旧世界ザルになる。

原猿類《げんえんるい》● 原始的《げんしてき》なサル。

タマリン
（新世界《しんせかい》ザル）
ロリス
オマキザル
（新世界《しんせかい》ザル）
リスザル
（新世界《しんせかい》ザル）
メガネザル
キツネザル

すみ場所《ばしょ》にあわせ、哺乳類《ほにゅうるい》の姿《すがた》かたちや行動《こうどう》も、いろいろに進化《しんか》していきました。こうして恐竜《きょうりゅう》にかわって、哺乳類が地球《ちきゅう》を支配《しはい》するようになっていったのです。

哺乳類の、それぞれの目《もく》の動物《どうぶつ》は、どれもが、他《た》にない特色《とくしょく》をもっています。「食虫目《しょくちゅうもく》」といえば、虫《むし》を食べるのに具合《ぐあい》のよい体《からだ》つきをしていることが、すぐわかります。

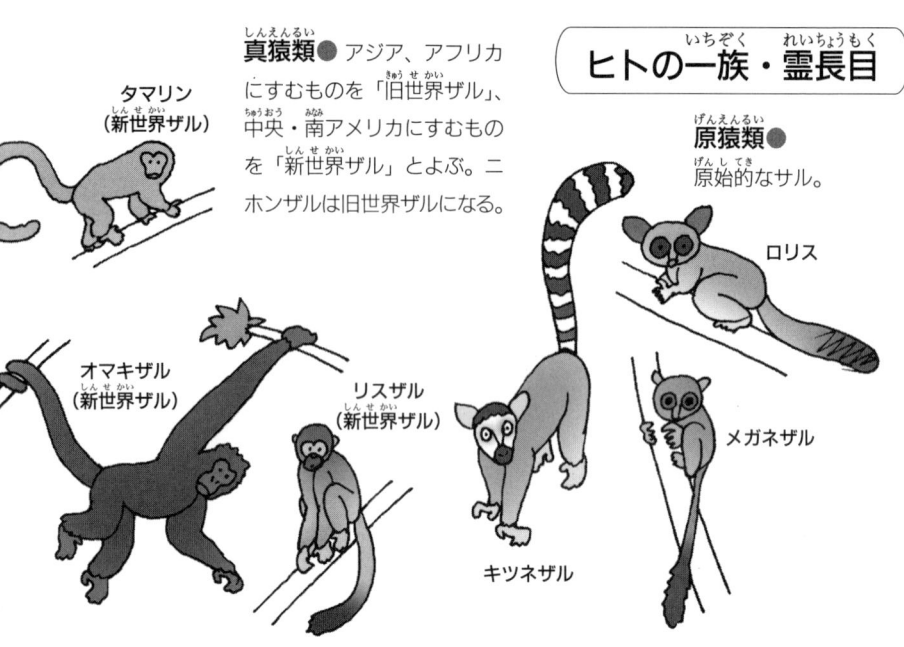

霊長目《れいちょうもく》の「霊長」とは、「ヒト」のことです。

つまり、霊長目とは「ヒトの一族《いちぞく》」ということで、サル類《るい》をさします。サルの

類人猿《るいじんえん》● チンパンジー、ゴリラ、オランウータンなどの大型類人猿《おおがたるいじんえん》と、テナガザルなどの小型《こがた》類人猿がいる。ヒトは、大型類人猿になる。

ヒト

リーフモンキー
(旧世界《きゅうせかい》ザル)

ゴリラ(大型類人猿《おおがたるいじんえん》)
テナガザル
(小型類人猿《こがたるいじんえん》)
マンドリル(旧世界《きゅうせかい》ザル)

多《おお》くは森《もり》にすみ、木登《のぼ》り上手《じょうず》です。今日《こんにち》、ヒトは動物《どうぶつ》のなかまでありながら、それからぬけでて、特別《とくべつ》な立場《たちば》にいるようですが、動物学《どうぶつがく》からみれば、やはり、サル類《るい》の一員《いちいん》です。

霊長目《れいちょうもく》は、今日、約《やく》一八〇種《しゅ》が数《かぞ》えられています。ヒトは別《べつ》にしても、類人猿《るいじんえん》やニホンザルのように智恵《ちえ》のある種《しゅ》もいれば、かなり原始的《げんしてき》な原猿類《げんえんるい》も、このなかに入《はい》ります。

4 どうして動物《どうぶつ》は、動《うご》きまわるのか？

みなさんは、ヒトが動物《どうぶつ》の一員《いちいん》であることを、もう、よく知《し》っていますね。

それでは、その「動物」とはいったいなんでしょう？

じつは、本気《ほんき》に考《かんが》えると、これはたいへんな難問《なんもん》ですが、そういうときは、事《こと》がらをごく単純《たんじゅん》に考えれば、わかりよくなります。

動物でない生《い》きもの、それは「植物《しょくぶつ》」です。植物は、地面《じめん》に**植**《う》わっている生**物**《せいぶつ》ですから、動《うご》きまわることができません。それに対《たい》して、動物とは「**動**く生**物**」だといえます。泳《およ》ぎ、這《は》い、歩《ある》き、走《はし》るということ、つまり、「移動《いどう》運動《うんどう》」ができるのが、動物の重要《じゅうよう》な特徴《とくちょう》なのです。

ヒトデも
イソギンチャクも
動《うご》くようには
思《おも》えないね。
でも……？
ヒトデ
イソギンチャク
足盤《そくばん》
管足《かんそく》

それは、おかしいな、と思《おも》う人がたずねます。

「イソギンチャクやヒトデは動物《どうぶつ》なのに、動《うご》けないでしょ？」

たしかに、イソギンチャクは岩《いわ》に貼《は》りついて動かないようにみえます。しかし、環境《かんきょう》が悪《わる》くなったりすると、岩に貼りついている足盤《そくばん》をゆっくり動かし、少《すこ》しずつ移動《いどう》します。

ヒトデは海底《かいてい》にちらばる星《ほし》の形《かたち》をしており、とても動きまわるようにみえません。しかし、五本の腕《うで》にたくさんついている管足《かんそく》を動かして、ゆっくり移動《いどう》するのです。

ところで、動物《どうぶつ》たちは、なぜ移動運動《いどううんどう》をするのでしょう。おもな理由《りゆう》として、つぎの五つが基本的《きほんてき》なものとしてあげられます。

(1) 食物《しょくもつ》を得《え》るため
(2) 敵《てき》から逃《に》げるため
(3) 居心地《いごこち》の悪《わる》いところをさけるため
(4) 居心地のよいところへいくため
(5) 子孫《しそん》をのこすため、相手《あいて》をもとめるとき

たしかに、これらのものは、動物たちが生きていくために、ぜったい必要《ひつよう》なものですね。さらに、ネコの子どもは、たがいにおいかけっこをし、ニホンザルは、もの音《おと》がすると、さっそくそれがなんであるか、のぞきにいきま

す。それは、知能《ちのう》の高い動物《どうぶつ》になると、生活《せいかつ》にゆとりができて、遊《あそ》びをはじめ、また、好奇心《こうきしん》が生まれて、ものを知《し》りたがるようになるからです。

動物の世界《せかい》をひろくみわたすと、それぞれが、どれもこれもが独特《どくとく》の形《かたち》をしています。その形は、その動物の生活《せいかつ》のしかた、とりわけ移動運動《いどううんどう》のやり方《かた》と、よく結《むす》びついています。

ヒトは二本足《ほんあし》で歩《ある》いて、つまり、「直立二足歩行《ちょくりつにそくほこう》」で移動《いどう》します。この直立二足歩行は、脊椎動物《せきついどうぶつ》の世界では、はじめて出現《しゅつげん》した移動のしかたです。二足歩行が生《う》まれるまで、どのような進化《しんか》の歴史《れきし》があったのでしょうか。ヒトにいたるまでの、脊椎動物の移動運動の歴史《れきし》を、ごく大《おお》まかにふりかえってみましょう。

まず魚類《ぎょるい》からはじめましょう。

5 魚類《ぎょるい》の泳《およ》ぎ方《かた》

魚《さかな》が水のなかを泳《およ》ぐのを上からみると、からだの後《うし》ろの部分《ぶぶん》と尾《お》を、たえず左右《さゆう》にふっています。また、一直線《いっちょくせん》に進《すす》むのではなく、たえず横《よこ》ゆれしながら、S《エス》の字《じ》をくりかえすように進みます。魚は尾《お》をふって進みますが、この尾をふる力《ちから》は、魚の胴体《どうたい》を前後《ぜんご》に走《はし》る筋肉《きんにく》から生《う》みだされます。

たとえばサケの切《き》り身《み》など、魚の胴体を輪切《わぎ》りにしたものをみてください。切り身の中心《ちゅうしん》に背骨《せぼね》があり、そこから上下《じょうげ》に骨《ほね》のとげや肋骨《ろっこつ》がでています。背骨をくわしくみると、背骨は、数多《かずおお》くの小さな似《に》た骨が、となり同士《どうし》しっかり組《く》みあわさって、頭《あたま》の後《うし》ろから尾《お》まで一列《いちれつ》にならんだものです。

魚《さかな》の泳《およ》ぎを上からみると…

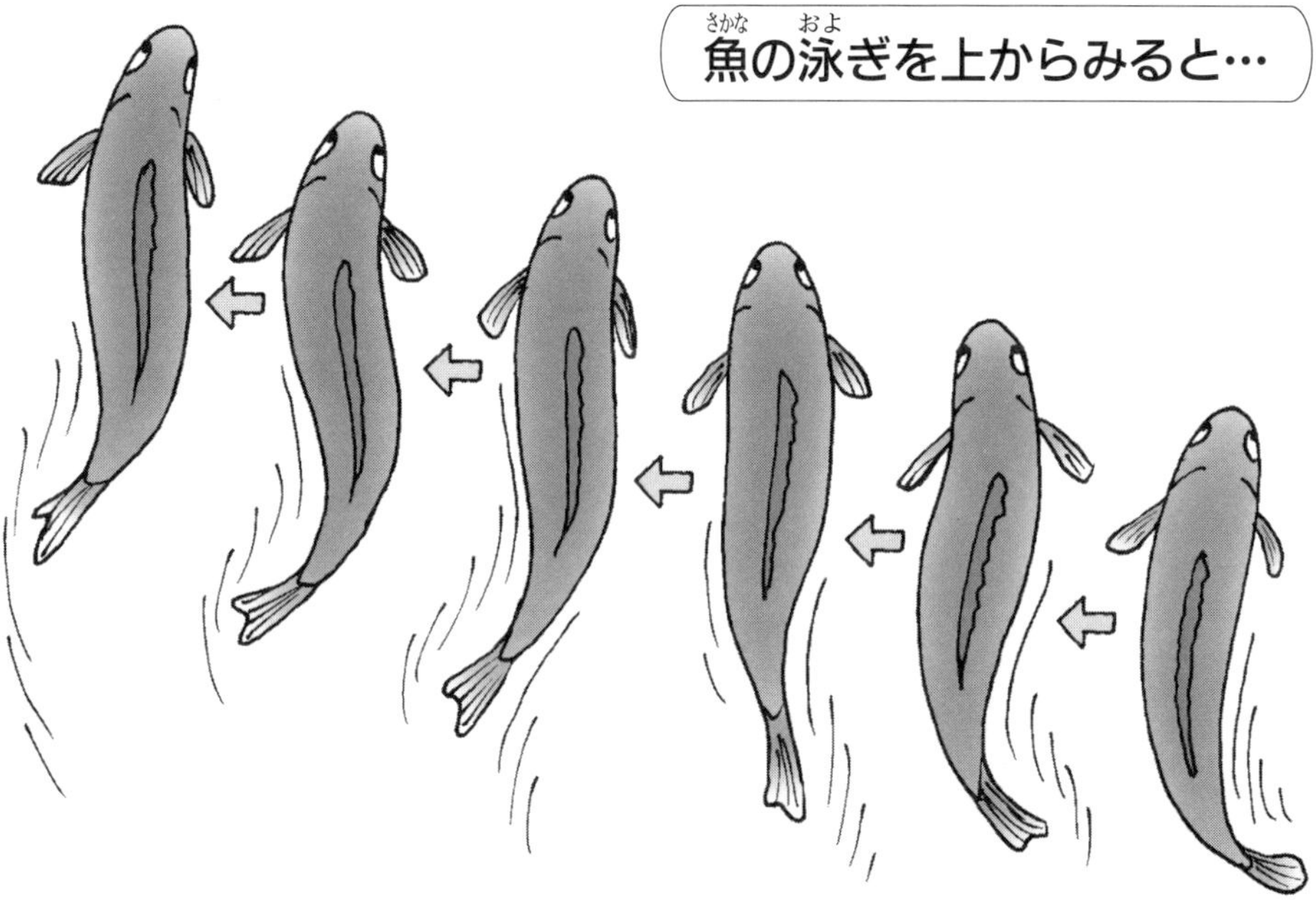

背骨《せぼね》の左右《さゆう》には、たっぷり筋肉《きんにく》がついています。塩《しお》ザケですと、ぷりぷりした赤い身《み》がついて、いかにもおいしそうですね。でも、もちろん、おいしそうな魚《さかな》の筋肉は、ヒトに食べられるためにあるのではなく、自分《じぶん》の体《からだ》を前へ進《すす》めるためにあるのです。

体の前後《ぜんご》に走《はし》る、この筋肉が、左右かわりばんこに収縮《しゅうしゅく》するので、尾《お》は大きく左右にふられ、魚の体は、前へ進むようになります。

それでは水中《すいちゅう》で尾をふると、魚の体は、どうして前へ進むのでしょうか？

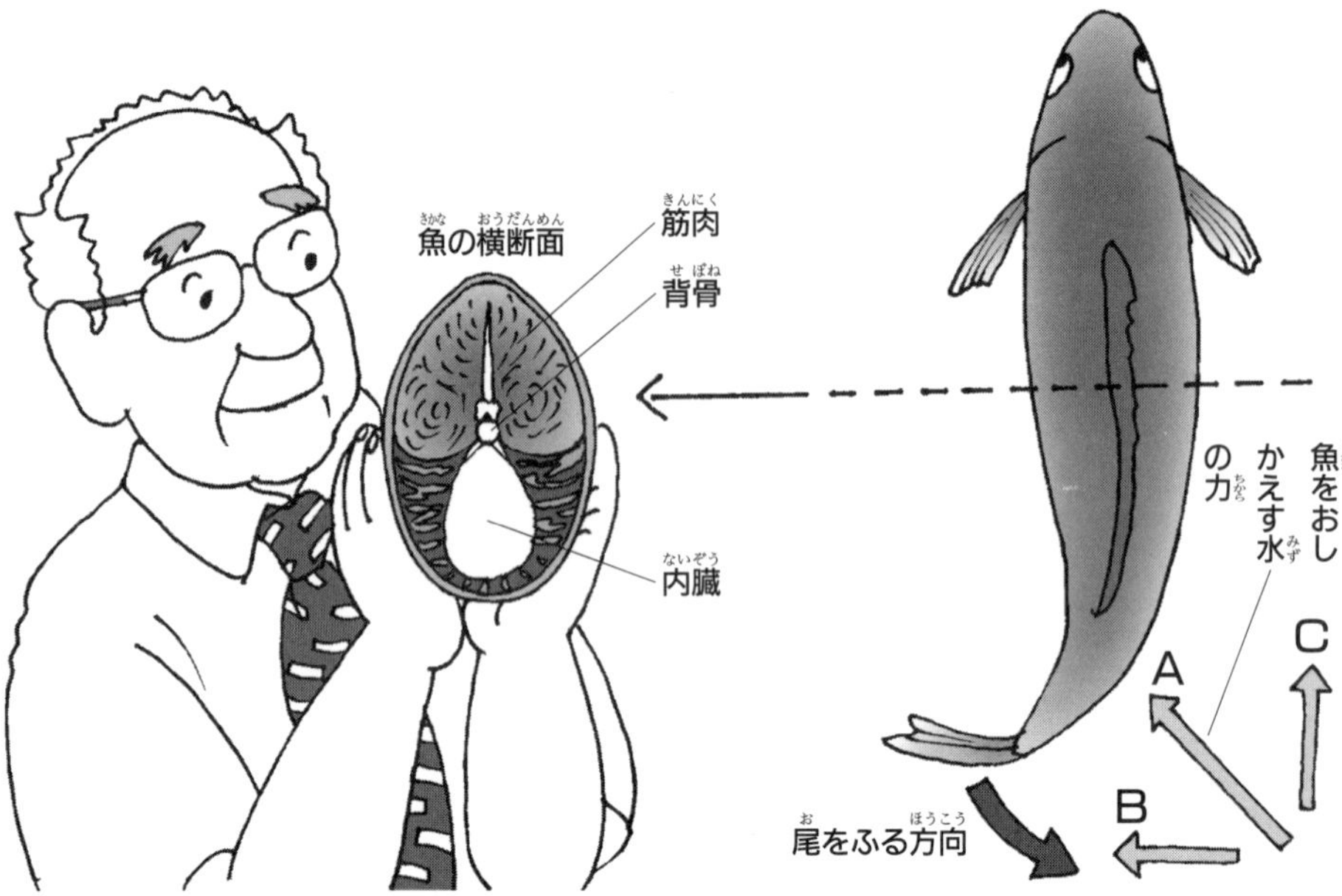

水中《すいちゅう》で尾《お》を斜《なな》めからふることは、その部分《ぶぶん》の水が魚《さかな》の体《からだ》を、ぎゃくに斜めにおしかえすことになります。図《ず》のA《エー》は、水が魚をおしかえす、その斜めの力《ちから》です。斜めの力Aというのは、横《よこ》からの力B《ビー》と縦《たて》の力C《シー》のあわさったものと、考《かんが》えることができます。これは、力の基本的《きほんてき》な性質《せいしつ》で、みなさんは中学《ちゅうがく》で学《まな》ぶことになるでしょう。

さて、横の力Bが魚をおすことになるので、魚の体は、尾をふる方向《ほうこう》とは反対《はんたい》側《がわ》に横ゆれします。いっぽう、縦の力Cは、魚の体を前のほうへおします。魚の

水《みず》の抵抗《ていこう》

体は「流線形《りゅうせんけい》」をしているので、わずかな力《ちから》でもスイッと前へ進《すす》むことができるのです。

　ここのところは、つぎのような実験《じっけん》をしてみると、よくわかるでしょう。

　桶《おけ》のなかに水をはって、そのなかに板《いた》をつけこみ、板の面《めん》を前にして動《うご》かします。やってみるとわかりますが、かなり力がいります。強《つよ》く動かすと、しぶきがはねあがってきます。水の板の面積分《めんせきぶん》だけ、水は板の動きに逆《さか》らって、おしかえしているからです。この水がおしかえす力《ちから》を、「水の抵抗《ていこう》」といいます。

つぎに、その板《いた》を板の縁《へり》を前にして動《うご》かすと、これはこれは、またなんと楽《らく》に動くことでしょう。水の板の縁の面積《めんせき》は、ごく小さいので、板を動かしても、水の抵抗《ていこう》はとても弱《よわ》く、しぶきもほとんど立《た》ちません。

それとおなじことが、魚《さかな》の体《からだ》についてもいえます。

魚の胴体《どうたい》は太《ふと》く、頭《あたま》の先《さき》や尾《お》、つまり両端《りょうはし》は細くなっています。すなわち、流線形《りゅうせんけい》なのです。舟《ふね》もおなじような形《かたち》をしていますが、これを縦方向《たてほうこう》へ動かすと、水がわきへ流《なが》れていって、ほとんど抵抗《ていこう》しないのです。

ここで、三八ページの図《ず》を、もういちどみてください。魚は泳《およ》ぐとき、広《ひろ》い面積の尾《お》を斜《なな》めからふることによって、大きな水の抵抗、つまり力《ちから》A《エー》をおこし、前進《ぜんしん》する力C《シー》を得《え》ます。そして、水の抵抗の小さな流線形の体《からだ》で、スイスイ前進していくのです。

魚は尾を左右《さゆう》にふるので、横《よこ》ゆれしながら、前へ泳《およ》いでいきます。マグロやカツオは完全《かんぜん》な流線形なので、猛《もう》スピードで泳げます。反対《はんたい》に、タイのよ

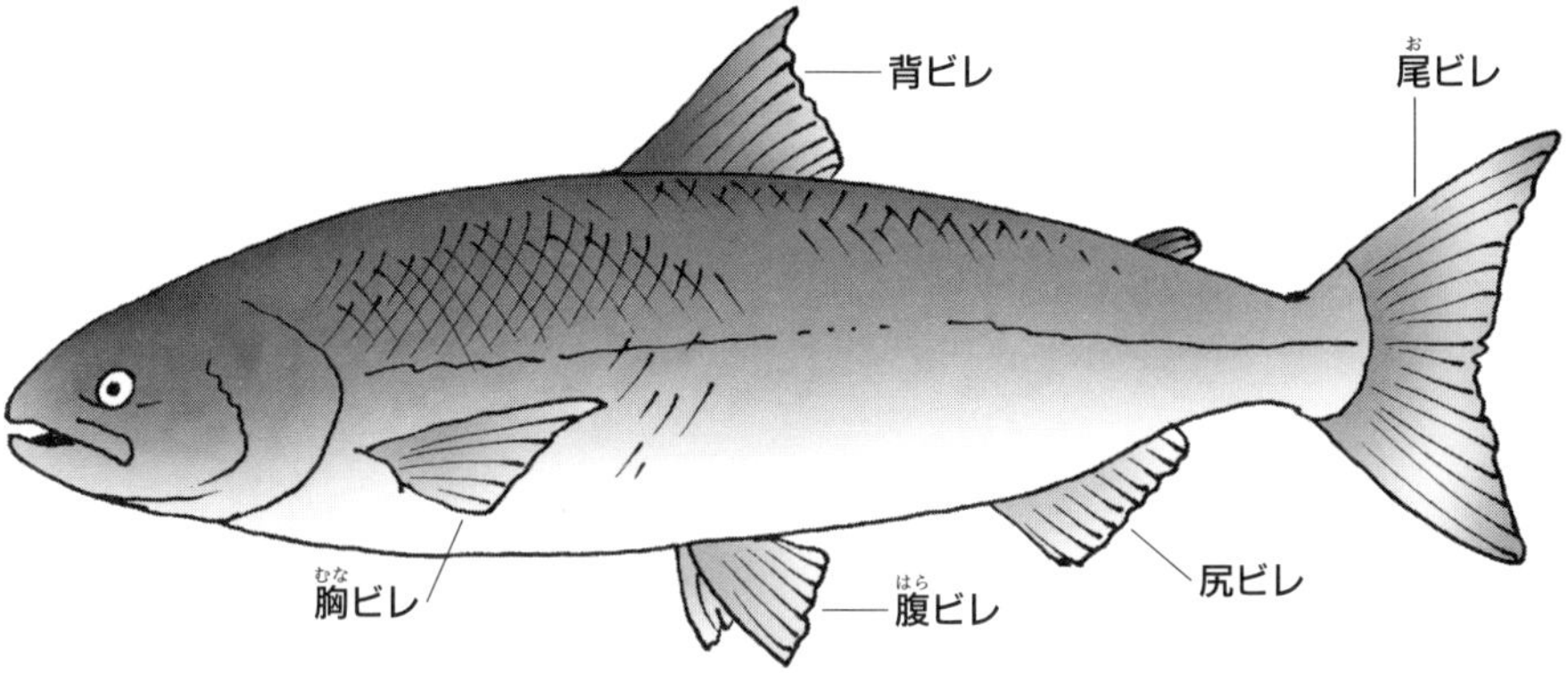
背ビレ
尾《お》ビレ
胸《むな》ビレ
腹《はら》ビレ
尻ビレ

うな平《ひら》たい魚《さかな》は、泳《およ》ぐ速《はや》さはそれほどでもありませんが、右へ左へ、巧《たく》みに曲《ま》がることができます。

以上《いじょう》のように、魚の体《からだ》のうち、頭《あたま》の部分《ぶぶん》と内臓《ないぞう》をのぞけば、のこりはすべて骨《ほね》と筋肉《きんにく》であって、もっぱら泳ぐためにできています。魚は、ほぼ全身《ぜんしん》をつかって、水中《すいちゅう》を前進《ぜんしん》するのです。

なお、魚の体の外側《そとがわ》には、いろいろな形《かたち》をしたヒレがあって、これが泳《およ》ぎを大きく助《たす》けます。尾《お》ビレは、前進《ぜんしん》するさいの大きな力《ちから》をつくるとともに、魚の泳ぐ方向《ほうこう》をきめる舵《かじ》となります。背《せ》ビレと尻《しり》ビレは、体がかたむかないように働《はたら》きます。胸《むな》ビレと腹《はら》ビレは、体の左右《さゆう》にそれぞれひとつずつついています。これらは胴体《どうたい》がゆれないようにするとともに、前後左右《ぜんごさゆう》へのわずかな動《うご》きをつくりだします。

6 ヒレからてあしへ

——両生類《りょうせいるい》と爬虫類《はちゅうるい》の歩《ある》き方《かた》

魚《さかな》は水のなかにすみます。水のなかは、動物《どうぶつ》がすむのにたいへんよいところです。

第一《だいいち》に、水中《すいちゅう》では、自分《じぶん》の体重《たいじゅう》を支《ささ》えなくてすみます。風呂《ふろ》につかりながら、その底《そこ》を一本《いっぽん》の指《ゆび》でおすと、体《からだ》はふんわり浮《う》きあがります。風呂の外《そと》では、とうていそんなことはできません。水のなかに入《はい》っていれば、体重を支えるだけの力《ちから》がいらないのです。

第二に、陸上《りくじょう》だと、昼《ひる》と夜《よる》で気温《きおん》はだいぶちがいますが、水のなかでは温《おん》度《ど》の変化《へんか》はゆっくりしています。体のまわりの温度がはげしく変《か》わると、体に無理《むり》がくるのです。

そのほか水のなかには、動物《どうぶつ》の体《からだ》に有害《ゆうがい》な紫外線《しがいせん》は入《はい》ってきません。また、食べものは、わりあいみつかりやすいのです。

しかし、水のなかには、動物が生きて、動《うご》きまわるのにぜったい必要《ひつよう》な酸《さん》素《そ》が、わずかしかとけていません。魚《さかな》などはエラでこの酸素をとりいれ、呼《こ》吸《きゅう》します。せまい水中《すいちゅう》に数多《かずおお》くの魚がいれば、やがて酸素不足《さんそぶそく》になります。ところが、陸上《りくじょう》には酸素はたっぷりあります。植物《しょくぶつ》が太陽《たいよう》をあびて成長《せいちょう》するさいに、どんどん酸素をつくりだすからです。

そこで、冒険心《ぼうけんしん》にとんだ魚が、陸上に進出《しんしゅつ》しました。今日《こんにち》、トビハゼやムツゴロウは干潟《ひがた》でくらします。干潟とは一日のうち二回、海になり、陸《りく》になるところです。泥《どろ》の上では、尾《お》を左右《さゆう》にいくらふっても前へ進《すす》みません。

トビハゼの体《からだ》の左右には、大きな胸《むな》ビレが張《は》りだしていますから、これで泥の表面《ひょうめん》を後《うし》ろへおすと、その体は、ぐいと前へでます。つまり、トビハゼ

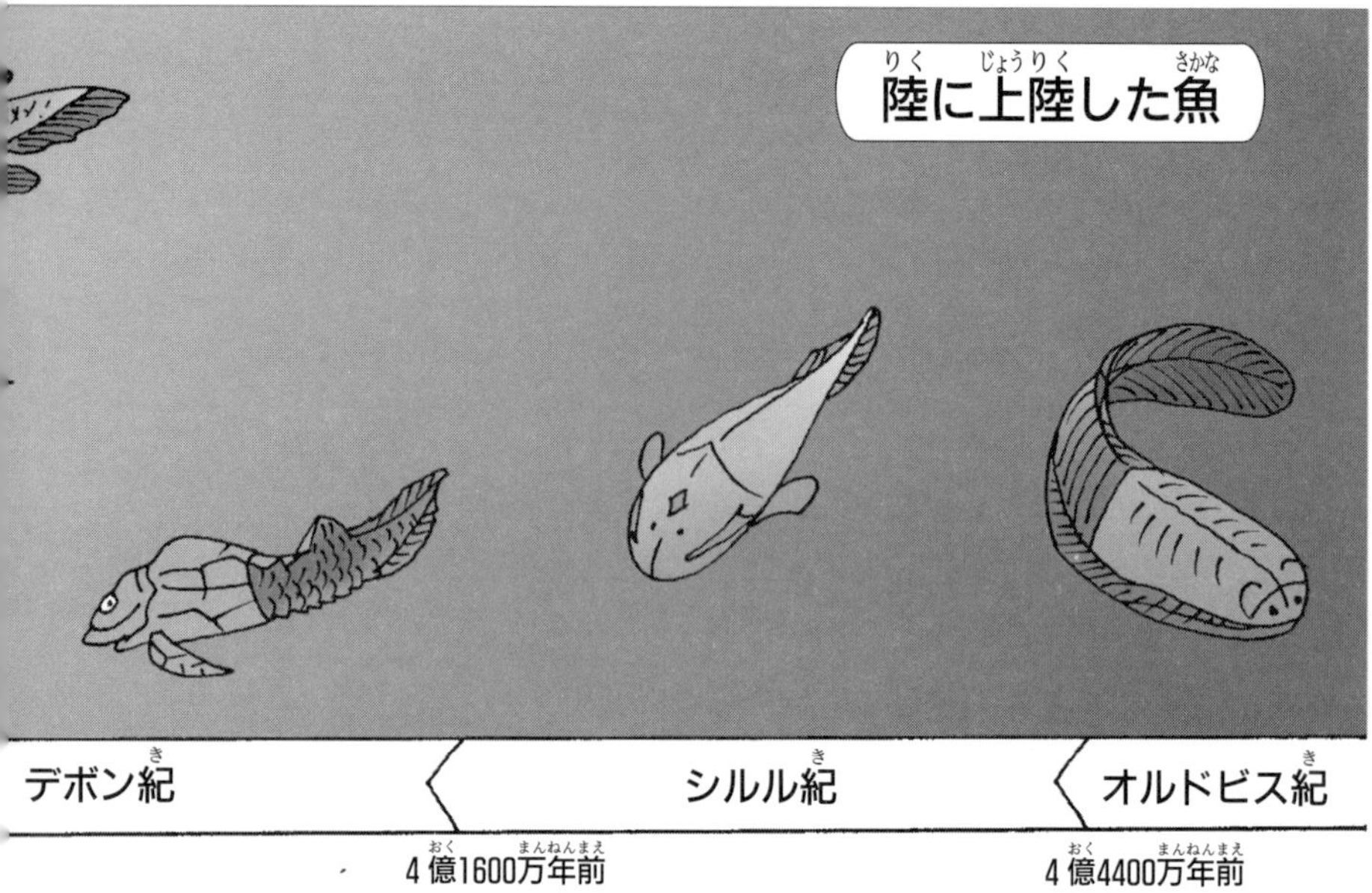
陸《りく》に上陸《じょうりく》した魚《さかな》
デボン紀《き》
シルル紀《き》
オルドビス紀《き》
4億《おく》1600万年前《まんねんまえ》
4億《おく》4400万年前《まんねんまえ》

たちは左右《さゆう》の胸《むな》ビレをつかって、ツイ、ツイ、ツイと器用《きよう》に地面《じめん》を這《は》うのです。それは、新しい前進《ぜんしん》のしかたです。

本格的《ほんかくてき》に陸上《りくじょう》で呼吸《こきゅう》をするには、肺《はい》が必要《ひつよう》です。肺をもたないトビハゼなどは、皮膚《ひふ》をぬらし、皮膚で呼吸をします。ですから、這いながら、水たまりにくると、そこでごろりとたおれ、体《からだ》をぬらし、また這っていきます。そのこっけいな姿《すがた》に、つい笑《わら》ってしまいます。

でも、トビハゼは、わたしたちの祖先《そせん》ではありません。今日《こんにち》、アフリカなどには、肺をもつハイギョという変《か》わり者《もの》の

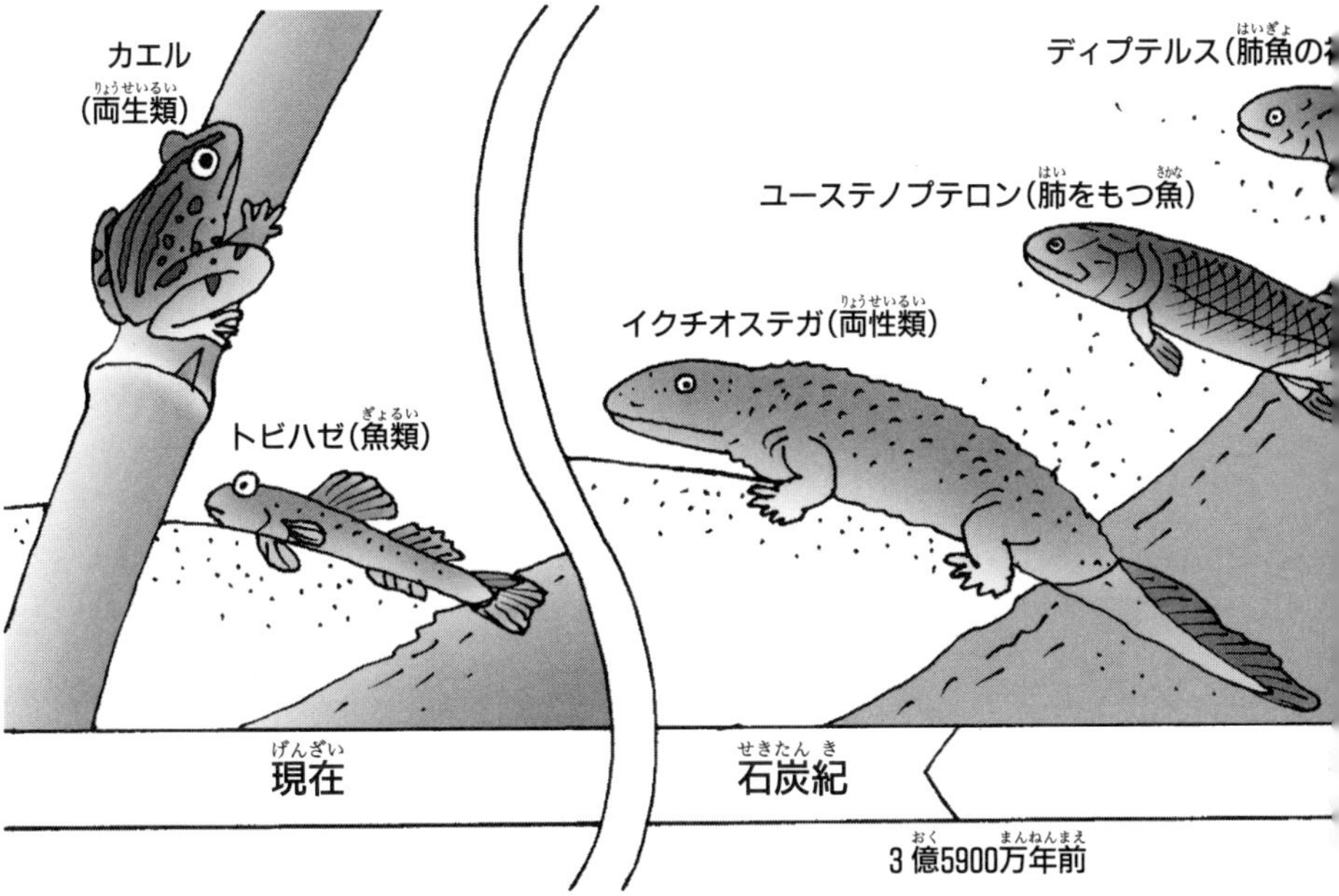

カエル
(両生類《りょうせいるい》)
トビハゼ(魚類《ぎょるい》)
イクチオステガ(両性類《りょうせいるい》)
ユーステノプテロン(肺《はい》をもつ魚《さかな》)
ディプテルス(肺魚《はいぎょ》の
現在《げんざい》
石炭紀《せきたんき》
3億《おく》5900万年前《まんねんまえ》

魚類《ぎょるい》がいますが、この親類《しんるい》にあたるものが「両生類《りょうせいるい》」に進化《しんか》したと考《かんが》えられています。

両生類《りょうせいるい》は、子ども（オタマジャクシなど）のうちは、水中《すいちゅう》でくらしますが、おとなになると肺《はい》で呼吸《こきゅう》し、胴体《どうたい》の左右《さゆう》に四本のあしをもち、それで地上《ちじょう》を歩《ある》きます。魚類《ぎょるい》の胸《むな》ビレが前肢《ぜんし》に、腹《はら》ビレが後《こう》肢《し》に進化《しんか》したのです。こうして、両生類は新《あら》たに四肢《しし》をもち、これを前進運動《ぜんしんうんどう》を専門《せんもん》とする器官《きかん》としました。

両生類からは、その後《ご》「爬虫類《はちゅうるい》」が進化しましたが、前進運動については、おなじなかまとして考《かんが》えてよいでしょう。その前肢《ぜんし》・後肢《こうし》は、魚類《ぎょるい》の胸《むな》ビレ・腹《はら》ビレをひきついたものですから、前肢も後肢も、胴体《どうたい》から横《よこ》に水平《すいへい》に張《は》りだし、ひざやひじの部分《ぶぶん》で、下に垂直《すいちょく》におれ曲《ま》がります。そして、手や足は平《たい》らに地面《じめん》につきます。

四肢《しし》が短《みじか》いので、休《やす》むときは、そのまま胴体《どうたい》を地面におろし、歩くときだけ、四肢を踏《ふ》んばり、胴体を少《すこ》し浮《う》かせて、移動《いどう》します。

それでは、ヤモリについて、図をみながら、歩き方を観察《かんさつ》しましょう。

まず、①右《みぎ》の前肢《ぜんし》で地面をおさえ、②左《ひだり》の後肢《こうし》でけりだすと、自然《しぜん》に胴《どう》は弓《ゆみ》なりに左へ曲《ま》がり、右の後肢が前へ運《はこ》ばれ、つぎに③左の前肢はさらに前へのび、ヤモリは一歩《いっぽ》歩いたことになります。

この運動《うんどう》を右、左、右……とくりかえして歩きますが、脚《あし》が短いので、胴体も右、左と弓形《ゆみがた》に曲がり、長い尾《お》が後《うし》ろにのびて、ゆれます。

ヘビなどは、そんな短い脚《あし》は、文字《もじ》どおり足手《あしで》まといとばかりに捨《す》てさり、

郵便はがき

料金受取人払

牛込局承認

1096

差出有効期間
2009年7月14日
（期間後は切手を
おはりください。）

162-8790

東京都新宿区市谷砂土原町3-5

偕成社 愛読者係行

＊本のご注文はこのはがきをご利用ください

●ご注文の本は１週間前後で、お届けいたします

●お支払い金額は【定価合計＋手数料380円(冊数にかかわらず一律)】になります(明細は計算書に明示いたします)

●お支払いは、現金(お届けの際に代金引換)またはカード決済でお願いします

●ご注文は、電話、FAX、Eメールでもお受けいたします

TEL 03-3260-3221　FAX 03-3260-3222
ご注文Eメールアドレス　sales@kaiseisha.co.jp
偕成社ホームページ　http://www.kaiseisha.co.jp/

書籍注文書

ご注文の書名	本体価格	冊数	

支払い方法	1 現金 2 カード	カードご利用希望のお客様は、カード番号盗難防止のため、かならず電話でご連絡下さい。

(フリガナ)
お名前

TEL

E-mail

(フリガナ) (〒　　　　)
ご住所

★ご愛読ありがとうございます★

今後の出版の参考のため、皆さまのご意見・ご感想をおきかせ下さい。

□□□-□□□□ 都・道 府・県	TEL	
フリガナ		

mail

フリガナ	ご職業	
	1. 男 2. 女 （ ）才	

者がお子まの場合	おのお子さま名前	フリガナ	年 月 日生まれ 1. 男 2. 女 （ ）才

案内など、小社からのお知らせをお送りしてもよろしいですか？ 良い・不要

この本の書名『 』

この本のことは、何でお知りになりましたか？

書店 2. 広告 3. 書評·記事 4. 人の紹介 5 図書室·図書館 6.カタログ

ご感想・ご意見・ご希望など

入の感想等は、匿名で書籍のＰＲ等に使用させていただくことがございます。

許可をいただけない場合は、右の□内に✓をご記入下さい。 □許可しない

力ありがとうございました。

●ヘビの蛇行運動《だこううんどう》

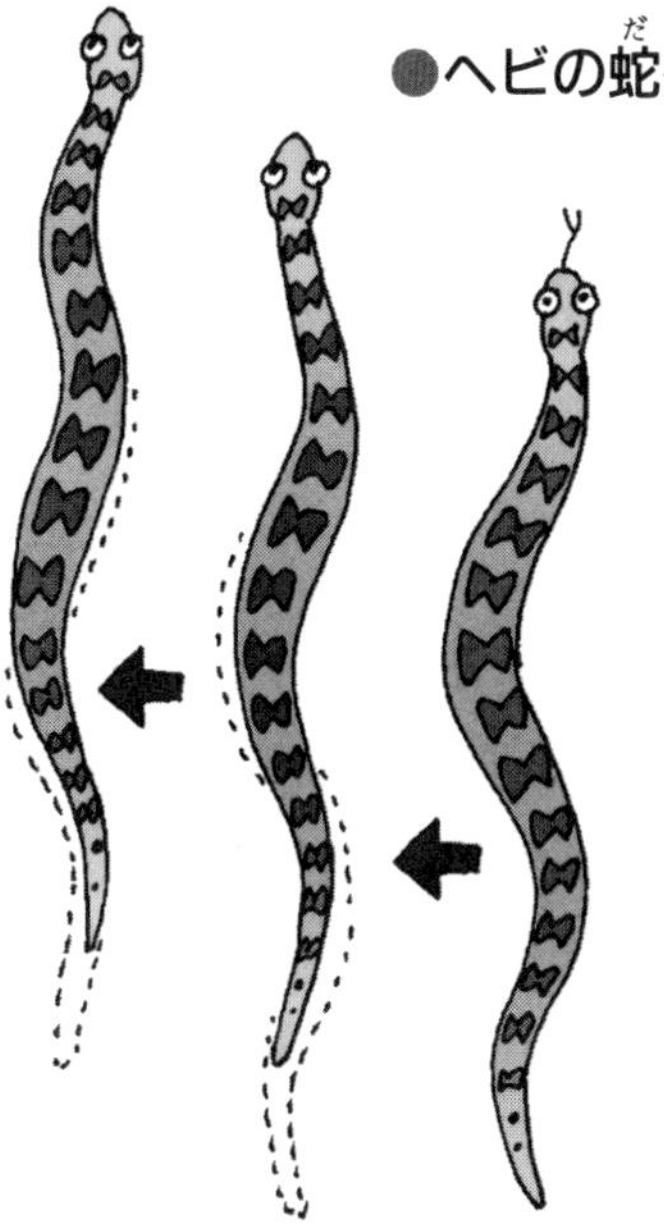

●ヤモリの前進運動《ぜんしんうんどう》

そのかわり、胴体《どうたい》を存分《ぞんぶん》に長くし、腹側《はらがわ》の鱗《うろこ》を地面《じめん》にひっかけ、胴体をくにゃくにゃ左右《さゆう》に曲《ま》げて、前や横《よこ》へ這《は》って進《すす》むようになりました。

両生類《りょうせいるい》や爬虫類《はちゅうるい》は、水中《すいちゅう》を泳《およ》ぎます。このときは、胴体を魚《さかな》のように、左右に波打《なみう》たせて進みます。背骨《せぼね》は、多数《たすう》の骨《ほね》が数珠《じゅず》のようにつながっているので、胴体はよく曲がります。

ただし、カメは大きな甲羅《こうら》を背《せ》おっているので、胴体をくねくね曲げることができません。陸上《りくじょう》の歩行《ほこう》は、しばしば遅《おそ》いものの代表《だいひょう》にあげられますが、水中では四本の平《ひら》たく短《みじか》いあしを、舟《ふね》をこぐときの櫂《かい》のように動《うご》かして、ゆうゆうと泳《およ》ぎます。

カエルは、後肢《こうし》がひじょうに長く、この後肢をひきずるようにして歩きますが、ときには、左右《さゆう》の後肢を同時《どうじ》につかって、ぴょーんと大きく前へとびます。ただし、長くとびつづけるのは無理《むり》です。水のなかでは、前肢《ぜんし》はつかわず、後肢を大きく動かして、平泳《ひらおよ》ぎをします。

さて、みなさんが大好《だいす》きな「恐竜《きょうりゅう》」は、爬虫類《はちゅうるい》のなかまです。多《おお》くの恐竜は、前肢《ぜんし》・後肢《こうし》で歩く四足歩行《しそくほこう》をしましたが、ティラノザウルスなどのように、前肢はごく小さいのに、後肢だけが大きく、がんじょうに発達《はったつ》したものがいます。おそらく、二本の後肢で歩いたのでしょう。

でも、それは、ヒトの二足歩行《にそくほこう》とあくまでちがいます。かれらは太《ふと》く長い尾《お》をもっており、立ちあがったさい、胴《どう》を後《うし》ろから支《ささ》えたり、走《はし》るときには、この尾でバランスをとっていたと考えられます。

●ティラノザウルスの前肢《ぜんし》の役割《やくわり》？

7 翼《つばさ》と四足歩行《しそくほこう》
——鳥類《ちょうるい》と哺乳類《ほにゅうるい》の移動運動《いどううんどう》

「鳥類《ちょうるい》」と「哺乳類《ほにゅうるい》」は、どちらも爬虫類《はちゅうるい》から進化《しんか》したものですから、おたがいに、またいとこのような関係《かんけい》にあります（二六〜二七ページ図）。また、それぞれなりに、すぐれた体《からだ》のしくみをもっています。

恐竜《きょうりゅう》は今日《こんにち》、絶滅《ぜつめつ》してしまいましたが、鳥類は、恐竜のうちのあるものの、姿《すがた》を大きく変《か》えた子孫《しそん》だと考《かんが》えられています。鳥《とり》は美《うつく》しい羽毛《うもう》でおおわれていますが、その羽毛は、恐竜の鱗《うろこ》の変わったものです。鳥《とり》のあしには、その鱗とおなじようなものがみられます。

鳥類《ちょうるい》の特徴《とくちょう》は、なんといっても、左右《さゆう》の翼《つばさ》で大空を飛《と》ぶことです。その翼

翼《つばさ》の骨格《こっかく》

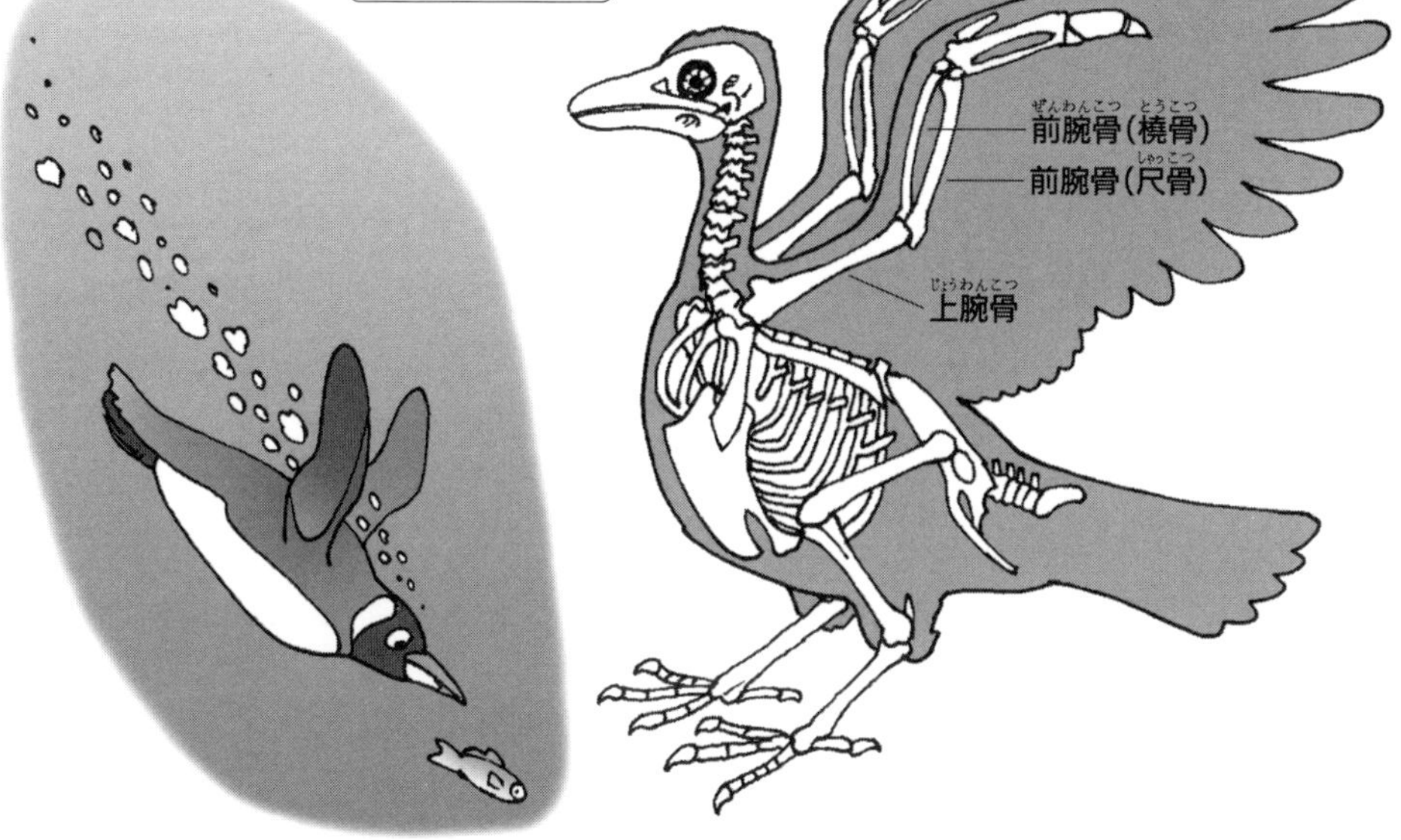

は、前肢《ぜんし》が大変身《だいへんしん》したものです。

上の図《ず》の翼《つばさ》の骨格《こっかく》と、二一ページのヒトの上肢《じょうし》（ヒト以外《いがい》では前肢《ぜんし》とよぶ）の骨格をくらべてみてください。とても似《に》ていることがわかりますね。

外《そと》からみた姿《すがた》かたちからは、翼が爬虫《はちゅう》類《るい》の前肢から進化《しんか》したものとは、とても考《かんが》えられません。しかし、骨格をみると、そのことが納得《なっとく》できるでしょう。

多《おお》くの鳥は、翼を上下《じょうげ》に羽《は》ばたいて飛びますが、トビやグンカンドリは、空気《くうき》のうまい流《なが》れをみつけて、翼をひろげたまま、グライダーのように、すべるように飛《と》びます。おもしろいのはペンギンで、空はまったく飛べませんが、水中《すいちゅう》をもぐりながら翼《つばさ》を羽《は》ばたいて泳《およ》ぎます。そのため、ペンギンは「水のなかを飛ぶ」といわれています。

大空高く飛ぶことは、人間《にんげん》の長年《ながねん》の夢《ゆめ》でした。ライト兄弟《きょうだい》が飛行機《ひこうき》を発明《はつめい》して、百年の今日《こんにち》、ジェット旅客機《りょかくき》ならば、日本からフランスやドイツまで、八時間《じかん》でいけるようになりました。

しかし、ジェット機《き》はたいへんな轟音《ごうおん》をたてますが、鳥たちは、ほとんど音をたてないで飛びます。それは、たいへんすぐれたことで、今日の科学技《かがくぎ》術《じゅつ》では、とてもできないことです。

つぎに、哺乳類《ほにゅうるい》について考《かんが》えましょう。

哺乳類は、恐竜《きょうりゅう》とは異《こと》なる、別《べつ》の爬虫類《はちゅうるい》(哺乳類型爬虫類《ほにゅうるいがたはちゅうるい》)から進化《しんか》しました。鳥類《ちょうるい》の羽毛《うもう》に対して、多《おお》くの哺乳類の体《からだ》には、毛《け》がびっしり生《は》えます。

そのため、「けもの（毛《け》もの・獣《けもの》）」、または「けだもの」とよばれます。哺《ほ》乳類《にゅうるい》は鳥類《ちょうるい》とともに、「恒温動物《こうおんどうぶつ》（温血動物《おんけつどうぶつ》）」とよばれます。それは、体温《たいおん》がつねに一定《いってい》だからです。その他《た》の動物は、すべて「変温動物《へんおんどうぶつ》（冷血動《れいけつどう》物《ぶつ》）」とよばれ、気温《きおん》や水温《すいおん》がさがると、体温もさがり、活動《かつどう》が鈍《にぶ》くなり、つい に動《うご》けなくなります。

動物の体《からだ》を自動車《じどうしゃ》にたとえると、あしは車輪《しゃりん》にあたりますが、心臓《しんぞう》や内臓《ないぞう》は、あしを動かす力《ちから》をつくりだす、エンジンということになります。体温がさがると、このエンジンが、あまり働《はたら》かなくなるのです。

恒温動物でいられるのは、全身《ぜんしん》が毛《け》や羽毛《うもう》でつつまれ、体温が外《そと》に逃《に》げないからです。そのほか、すぐれた心臓や内臓などをもつことによって、いつも活発《かっぱつ》に動けることも、たいせつなことです。

哺乳類の体の形《かたち》は、さまざまです。しかし、基本的《きほんてき》な姿《すがた》として前肢《ぜんし》と後肢《こうし》をもち、四足歩行《しそくほこう》をします。その点では爬虫類《はちゅうるい》とちがわないのですが、哺《ほ》乳《にゅう》

四足獣《しそくじゅう》と爬虫類《はちゅうるい》のちがい

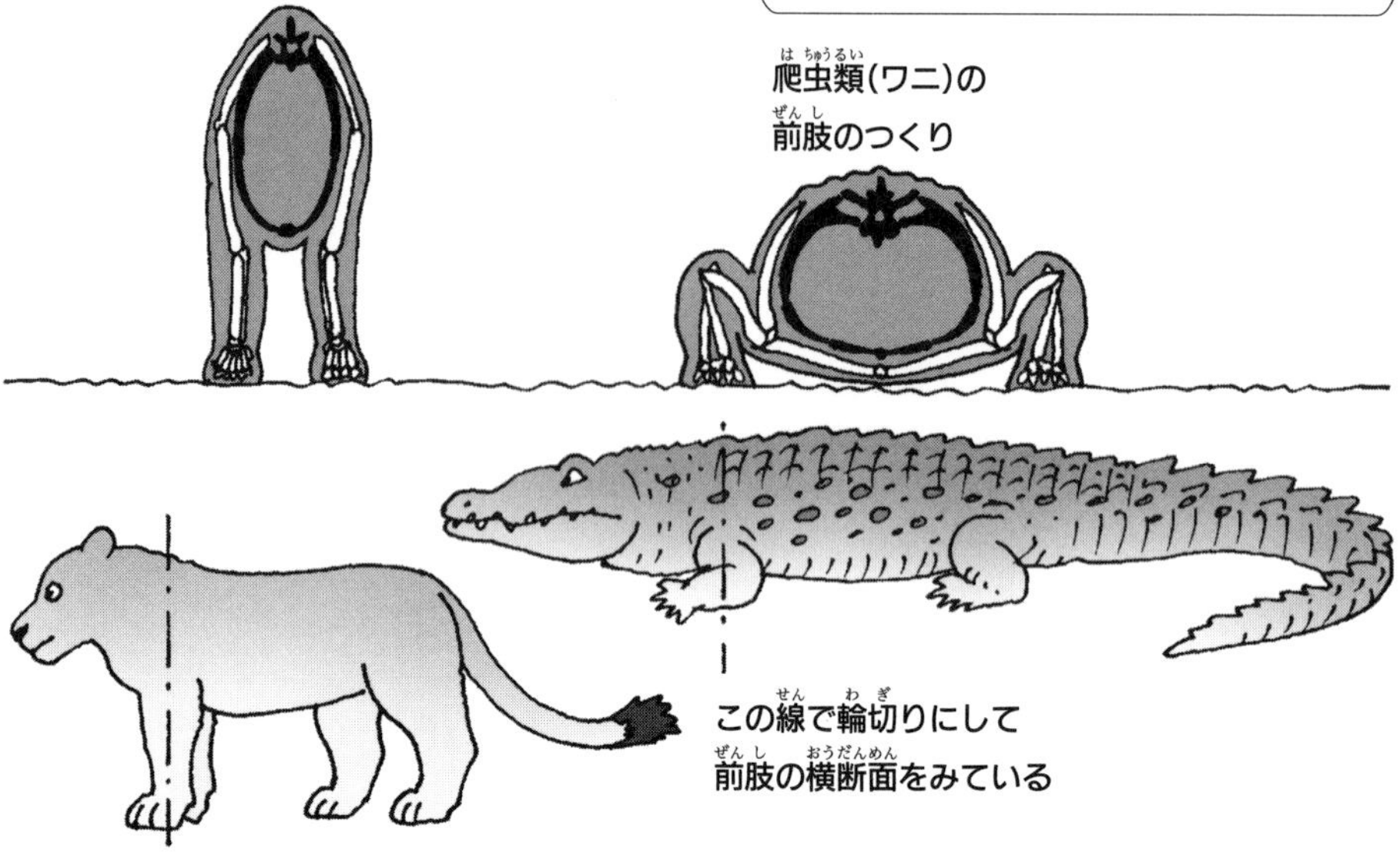
四足獣《しそくじゅう》(ライオン)の
前肢《ぜんし》のつくり
爬虫類《はちゅうるい》(ワニ)の
前肢《ぜんし》のつくり
この線《せん》で輪《わ》切りにして
前肢《ぜんし》の横断面《おうだんめん》をみている

類《るい》の四肢《しし》は、はるかに長く、がんじょうで、動《うご》きやすくできています。四足歩行《しそくほこう》をする哺乳類《ほにゅうるい》は「四足獣《しそくじゅう》」ともいわれます。

四足獣の前肢《ぜんし》・後肢《こうし》は横《よこ》に張《は》らず、胴《どう》体《たい》からそのまま下にむいていますから、胴体は、地面《じめん》から高くもちあげられます。歩くさいは、四肢だけが活発《かっぱつ》に、長いあいだ動きます。歩行中《ほこうちゅう》、胴体は左右《さゆう》には、ほとんどゆれません。これらのことは、爬虫類《はちゅうるい》などにはみられないことです。

尻尾《しっぽ》は、胴体の背骨《せぼね》のつづきです。爬虫類とちがって、哺乳類の尻尾は、根《ね》もとから細《ほそ》いのがふつうです。種《しゅ》によって、

尾《お》が長いもの、短《みじか》いものと、いろいろです。つかい方もさまざまで、感心《かんしん》させられます。

　でも、いちばんたいせつなことは、歩《ある》くとき、とくに走《はし》ったり、とんだりするとき、尾《お》は体《からだ》が左右《さゆう》によろめかないように、もちあげて、つりあいをとることです。わたしたちが細《ほそ》い平均台《へいきんだい》の上を歩くとき、おちないように、左右の腕《うで》を横《よこ》へのばして、体のつりあいをとりますが、尾は一本でそれをやりとげるのです。

　ところで、全速力《ぜんそくりょく》で走るとき、ネコやチーターのような、胴体《どうたい》のやわらかい動《どう》

走《はし》るとき、背骨《せぼね》は
ほとんど動《うご》かない
ウマ
背骨《せぼね》を丸めたり、のばして走《はし》る
チータ

物《ぶつ》は、背《せ》すじをのばしたり、丸《まる》めたりして走《はし》ります。しかし、このように走ると疲《つか》れやすく、短《みじか》い距離《きょり》しか走れません。その点、ウマやシカは胴体《どうたい》をほとんど動かさず、前肢《ぜんし》と後肢《こうし》だけをはげしくつかって、かなり長い距離《きょり》を速《はや》く走りつづけることができます。

哺《ほ》乳類《にゅうるい》は、それぞれの生活《せいかつ》にあった、さまざまな四足歩行《しそくほこう》を生《う》みだしました。この四足歩行から、どのように二足歩行《にそくほこう》が生まれてきたのでしょうか？　その疑《ぎ》問《もん》に答えるためには、サルの世界《せかい》をみなければなりません。

8 サルからヒトへの道《みち》を歩《ある》く

「サルとは、どういう動物《どうぶつ》か」ときかれたばあい、ふたつの答《こた》え方《かた》がありま す。ひとつは「人間《にんげん》に似《に》ています」です。そのとおりです。いや、ヒトのほ うこそ、サル類《るい》のなかのひとつの種《しゅ》なのです。だから、正しくは「人間がサ ルに似ています」ということになります。

もうひとつの答は、「森にすんでいて、木登《きのぼ》りがうまい」というものです。 ところで、森は動物たちがすむには、よいところです。第一《だいいち》に、かくれが や逃《に》げ場《ば》が、いくらでもあります。第二に、食べものは、一年をつうじて、 いろいろなものがあります。芽《め》、花、葉《は》、実《み》、果物《くだもの》、虫《むし》、卵《たまご》がそうです。そ

して、木《こ》の葉《は》がおちた冬には、まずいけれども木の皮《かわ》が食べられます。第三《だいさん》に、森は、どこでも雨宿《あまやど》りができます。強《つよ》い日ざしをさえぎってくれます。森のなかでは強い風も吹《ふ》きません。気温《きおん》もあまり変《か》わりません。野生《やせい》動物《どうぶつ》にとっても、すばらしいすみかです。

ただ、そういうすばらしい森のなかにすむには、木登《きのぼ》りがうまくなければなりません。サルは、木登り名人《めいじん》なのです。

木登りをする動物は、いろいろいます。リスやネズミやネコやクマは、四肢《し》の爪先《つまさき》を木の肌《はだ》に食《く》いこませて登《のぼ》ります。

しかし、頭《あたま》を下にしておりると、爪《つめ》がぬけてしまうことがあります。だから、リスなどは、爪を木の肌にあてながらかけおります。クマは、おそるおそる、尻《しり》のほうからおります。

若《わか》いネコが電信柱《でんしんばしら》に登ったはよいが、おりられず、はしご車《しゃ》の消防士《しょうぼうし》に助《たす》けられたという話《はなし》は、よくききます。

からだの重《おも》いツキノワグマが木《き》登《のぼ》りするときは、爪《つめ》を深《ふか》く食《く》いこませねばならないので、ゆっくり登《のぼ》り、ヒグマのような重い動物《どうぶつ》は登れません。その点、リスはすばやく登り、枝《えだ》じゅう走《はし》りまわりますが、丸《まる》い足先《あしさき》では、細《ほそ》い枝の先端《せんたん》まではいけません。

ところが、サルは新しい木登り法《ほう》を発《はっ》明《めい》しました。それは、両腕《りょううで》で幹《みき》をかかえ、後肢《こうし》で幹の表面《ひょうめん》を蹴《け》りながら木に登る方《ほう》法《ほう》です。これだと、おりるのも楽《らく》です。少々《しょうしょう》からだが重くても、力強《ちからづよ》く、すばやく登っていきます。

また、サルは、前肢《ぜんし》や後肢《こうし》の指《ゆび》で枝《えだ》がにぎれます。ほかの動物《どうぶつ》がいけないような梢《こずえ》にでも、細《ほそ》い枝を数本《すうほん》にぎればいきついて、葉《は》のあいだから顔《かお》をだすことができます。

サル流《りゅう》の木登《きのぼ》りをするためには、指で枝をにぎりしめたり、ひじを曲《ま》げたり、胴体《どうたい》をくねらしたり、全身《ぜんしん》のいろいろな部分《ぶぶん》を、うまく動《うご》かさねばなりません。そのため、からだじゅうの関節《かんせつ》が、よく動かせるようになりました。

このように、体《からだ》や手足《てあし》を動かすためには、それぞれの筋肉《きんにく》を順序《じゅんじょ》よく動かす運動神経《うんどうしんけい》や脳《のう》が発達《はったつ》していなければなりません。なお、すばやく枝から枝へとびうつるには、眼《め》が発達していることも、たいせつです。

このようにして、サルたちは、身《み》のこなしがうまくなり、また賢《かしこ》くなりました。

頭《あたま》のよいものの代表《だいひょう》となるのが、チンパンジー、ゴリラ、オランウータンです。これらは、今日《こんにち》の「類人猿《るいじんえん》」で、その親戚《しんせき》となる昔《むかし》の類人猿から分《わ》か

脳《のう》の発達《はったつ》

脳《のう》は、サル類《るい》になって、いちだんと発達《はったつ》しました。森にすみ、両手両足《りょうてりょうあし》をつかって木登《きのぼ》りをし、すばやく移動《いどう》するようになったからです。

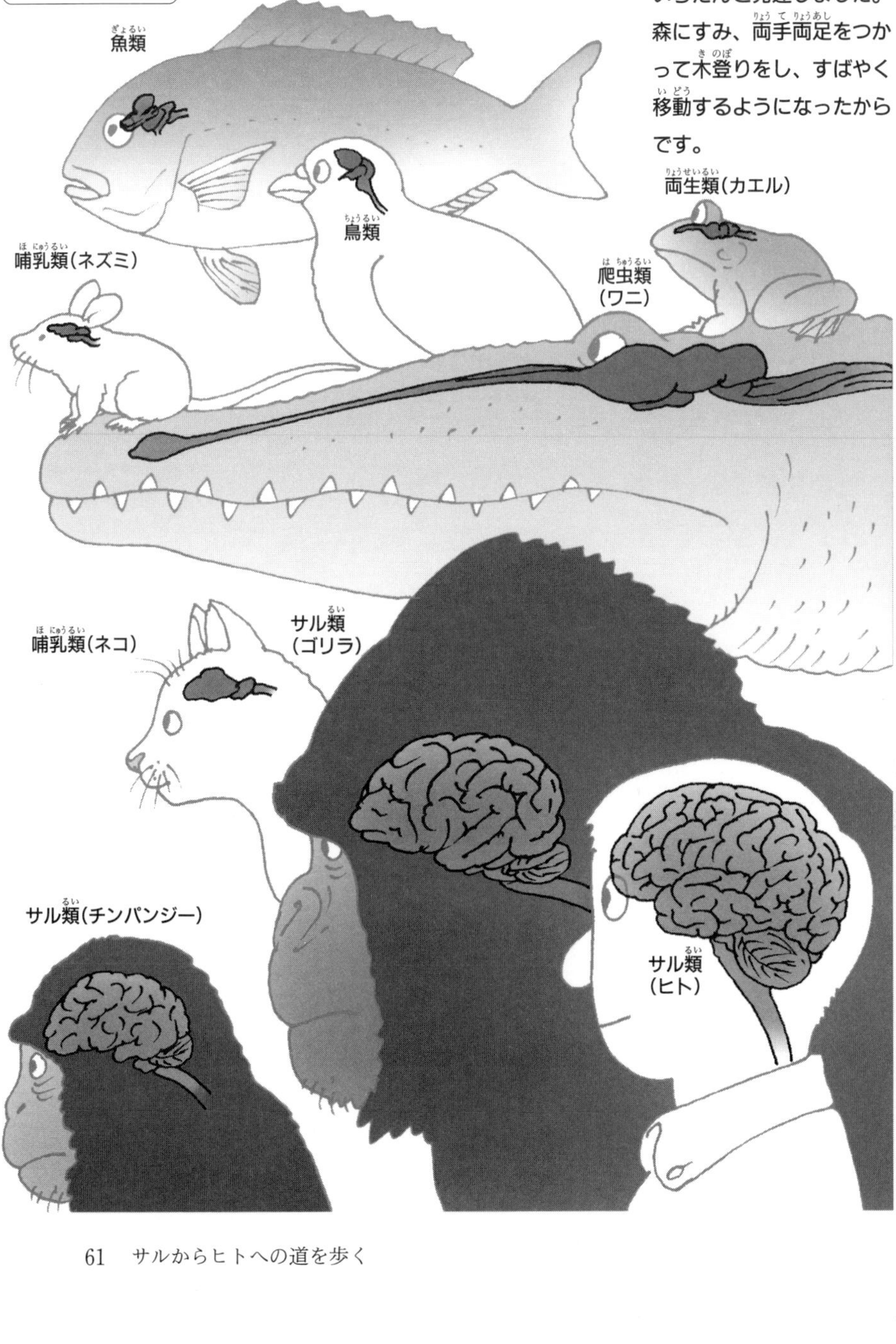

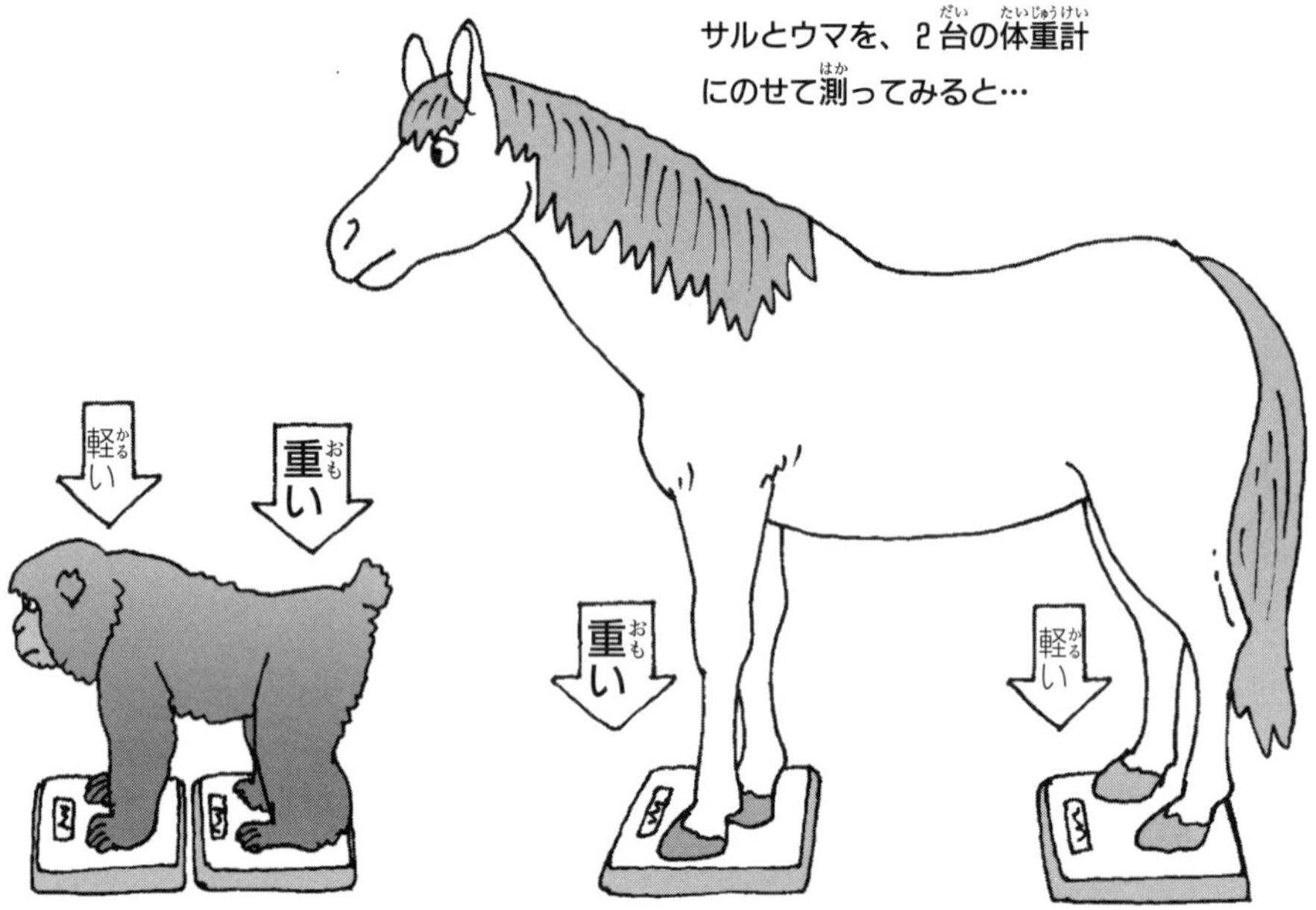
サルとウマを、2台《だい》の体重計《たいじゅうけい》
にのせて測《はか》ってみると…
軽《かる》い
重《おも》い
重《おも》い
軽《かる》い

れて、ヒトの祖先《そせん》が生《う》まれたと考《かんが》えられています。

サルたちは二本の後肢《こうし》で立ち、また歩《ある》くこともできますが、ふだんは四足歩行《しそくほこう》をします。その点で、多《おお》くの四足獣《しそくじゅう》と変《か》わりはありません。しかし、くわしくみると、一般《いっぱん》の四足獣とサル類《るい》とでは、四本《よんほん》あしでの立ち方がちがうのです。そのことを調《しら》べるための実験《じっけん》があります。

前肢《ぜんし》と後肢を、それぞれべつの体重計《たいじゅうけい》の上にのせて、重量《じゅうりょう》を測《はか》ってみると、イヌやウマなど、一般の四足獣では、前肢によけい重《おも》みがかかります。くびや頭《あたま》が、肩《かた》より前にぐいっとでており、そのぶんだけ、前肢《ぜんし》に重量《じゅうりょう》が加《くわ》わるのだと考《かんが》えられます。

ところが、サルたちのばあい、後肢《こうし》のほうが重《おも》くなっています。後半身《こうはんしん》が重いほうが、二本のあしで立つのに具合《ぐあい》がよいのです。

ウサギやカンガルーは、前肢にくらべて、はるかに長い後肢でとんで、すばやく前進《ぜんしん》しますが、これは例外《れいがい》です。多《おお》くの四足獣《しそくじゅう》では、前肢と後肢の長さは、あまりちがいません。一般のサルでも、前肢と後肢の長さは、ほとんどちがいません。

ところが、テナガザルのような「小型類人猿《こがたるいじんえん》」では、上肢《じょうし》（前肢）は下肢《かし》（後肢）より、はるかに長いのです。腕《うで》を下へたらして地上《ちじょう》に立つと、指先《ゆびさき》が地面《じめん》にとどきそうになります。

それというのも、テナガザルは、この長い腕の一方《いっぽう》で枝《えだ》をつかんで大きく体《からだ》をふり、ほかの腕ではるか前の枝をつかみ、そして、また反対《はんたい》の腕で前へと、飛《と》ぶように速《はや》い速度《そくど》で枝《えだ》から枝へうつっていくのです。これは「腕《うで》わたり」といい、下草《したくさ》がびっしり生《は》えている森のなかでは、たいへん具合《ぐあい》のよい前進法《ぜんしんほう》です。テナガザルは、まさに鉄棒競技《てつぼうきょうぎ》の名手《めいしゅ》なのです。

「大型類人猿《おおがたるいじんえん》」、つまり、チンパンジーなどではどうでしょう。やはり、チンパンジーなどでも、上肢《じょうし》(前肢《ぜんし》)は下肢《かし》(後肢《こうし》)より、かなり長いのです。四足《しそく》歩行《ほこう》をすると、肩《かた》にくらべて、腰《こし》はずっと低《ひく》く、背中《せなか》は斜《なな》めにかたむきます。テナガザルにはとてもおよびませんが、チンパンジーたちもあるていど、腕わたりをします。

オランウータンは樹上《じゅじょう》にいることが多《おお》いのですが、チンパンジーとゴリラは、地上《ちじょう》で四足歩行《しそくほこう》をすることが多く、そのときは、前肢の指《ゆび》で拳《こぶし》をつくり、その指《ゆび》の背《せ》を地面《じめん》にあてて歩きます。腰より肩のほうが高いので、四足歩行をしても、すぐ二足歩行《にそくほこう》へうつることができます。そのため、ゴリラやチンパンジーなどは、半《なか》ば立ちあがりかけているという意味《いみ》で「半直立《はんちょくりつ》する」と

●上肢《じょうし》と下肢《かし》の長さくらべ

いいます。

ヒトは、ゴリラやチンパンジーとは反《はん》対《たい》ですね。上肢《じょうし》より長くがんじょうな下《か》肢《し》をもちます。もちろん、四足歩行《しそくほこう》をすることはありませんが、四《よ》つんばいになると、腰《こし》が高くなります。

しかし、ヒトの赤ちゃんのばあい、上肢と下肢の長さは、それほどちがいません。やがて立ちあがり、歩くようになって大人《おとな》になるまでに、下肢はいっそう長くなったのです。

四足獣《しそくじゅう》の四肢《しし》は、もともと、歩くためにありましたが、やがて走《はし》ったり、跳《と》ん

前肢《ぜんし》(手《て》)の働《はたら》き

だりするようにもなりました。やむなく水のなかを進《すす》むときは、歩くときとおなじように四肢《しし》を動《うご》かして、犬《いぬ》かき泳《およ》ぎをします。コウモリは、鳥《とり》のように前肢《ぜんし》で羽《は》ばたいて飛びます。

これらは、みんな前進運動《ぜんしんうんどう》の一種《いっしゅ》です。

それだけではありません。ライオンやオオアリクイは、カギ爪《つめ》のある前肢《ぜんし》で獲《え》物《もの》や外敵《がいてき》をたたき、ひき裂《さ》きます。ウマは外敵を防《ふせ》ぐため、後肢《こうし》でけりあげます。

これらは、前肢や後肢を、武器《ぶき》に変《か》えてつかうようになったものです。

まだまだあります。ジリスなどは前肢

ヒトの前肢《ぜんし》(手)
→道具《どうぐ》をつくりだす
「作業《さぎょう》をする器官《きかん》」
サルの前肢《ぜんし》
→食べものをつかむ
道具《どうぐ》

で穴《あな》をほり、かくれがやねぐらとします。モグラは、シャベルのような前肢《ぜんし》で穴《あな》をほって、一生《いっしょう》を地面《じめん》のなかですごします。ジリスやモグラは、前肢を穴をほる道具《どうぐ》にしています。

　サル類《るい》は手でも足《あし》でも枝《えだ》をにぎり、木《き》登《のぼ》りをします。さらに、食べものを手でにぎり、口《くち》へ運《はこ》びます。これは、サルの新しい前肢《ぜんし》のつかい方《かた》なのです。

　ところが、ヒトはどうでしょう。

　この手と指《ゆび》をじつに巧《たく》みに動《うご》かして、ナイフや斧《おの》などの「道具《どうぐ》」をつくりだし、それらの道具をじょうずにつかいこなし

て、新しい生活《せいかつ》をひろげるようになりました。手や腕《うで》は、もともとは前進運動《ぜんしんうんどう》をする器官《きかん》でしたが、ヒトでは新たに、「作業《さぎょう》をする器官」となりました。

今日《こんにち》、世界各地《せかいかくち》でいろいろな発掘調査《はっくつちょうさ》を重《かさ》ねたことから、ヒトの祖先《そせん》は類人猿《るいじんえん》の一種《いっしゅ》であって、それがあるとき森をでて、原野《げんや》にでたものだと考《かんが》えられています。そのさい、二本のあしで立って歩くようになり、手に棒《ぼう》や、ごくお粗末《そまつ》な「石器《せっき》」をもち、これをつかって身《み》を守《まも》り、また食べもの探《さが》しにつかいました。

四本《よんほん》あしの動物《どうぶつ》は、丈《たけ》の高い草むらで

は、もぐってしまいますが、二本足《にほんあし》のヒトの顔《かお》は草より高く、おかげで、遠《とお》くをみわたせるようになります。

このようにして、直立二足歩行《ちょくりつにそくほこう》をつづけていると、歩くことにつかわれる下肢《かし》は長く、また頑丈《がんじょう》になりました。歩くことのほか、走《はし》る、立ちつづける、蹴《け》る、自転車《じてんしゃ》をこぐ、ことなどにもつかわれます。どれも、力仕事《ちからしごと》です。

これとは反対《はんたい》に、上肢《じょうし》は前進運動《ぜんしんうんどう》をしないので、短《みじか》く細《ほそ》くなりますが、手と指《ゆび》はものをにぎったり、つまんだりするほか、細《こま》かくせいかくな仕事《しごと》をするようになりました。やがて、ヒトは「道具《どうぐ》をつかい」、「ことばを話《はな》し」、「高い知能《ちのう》をもつ」ようになりました。

サルからヒトへいたる道のあいだには、これまで述《の》べたようなことが、つぎからつぎへとおこったのです。

9 直立《ちょくりつ》するヒトの体《からだ》

ヒトは、胴体《どうたい》を垂直《すいちょく》に立てて活動《かつどう》するようになりました。直立二足歩行《ちょくりつにそくほこう》する動物《どうぶつ》は、ヒトだけです。ヒトの体《からだ》には、どんな特徴《とくちょう》があるのでしょうか。

家《いえ》を建《た》てるとき、重要《じゅうよう》な作業《さぎょう》のひとつが棟《むね》あげです。この日は、おおぜいの大工《だいく》さんが集《あつ》まり、前から用意《ようい》していた柱《はしら》と梁《はり》を組《く》みあわせ、家の骨組《ほねぐ》みを立ちあげます。材料《ざいりょう》は地面《じめん》の上に横《よこ》たえているので、これを垂直《すいちょく》に立てたり、上のほうへもちあげたりすることは、大仕事《おおしごと》です。

さて、ヒトのからだの各部分《かくぶぶん》では、骨《ほね》が心棒《しんぼう》となっており、これらがヒトのからだの骨組みとなります。胴体《どうたい》の背《せ》すじには、大黒柱《だいこくばしら》が立ちます。これ

が「脊柱《せきちゅう》」です。日ごろ、「背骨《せぼね》」とよばれています。柱《はしら》といっても、脊柱は「脊椎《せきつい》」という骨《ほね》が多数《たすう》上下《じょうげ》に組《く》みあわさってできています。それは「頸椎《けいつい》」、「胸椎《きょうつい》」、「腰椎《ようつい》」、「仙骨《せんこつ》（五個《こ》の仙椎《せんつい》が集《あつ》まって、ひとつの骨になっています）」、「尾骨《びこつ》」に分《わ》けられます。脊椎と脊椎のあいだには、軟骨《なんこつ》がはさまっているので、脊柱はいくぶんかしなります。とくに、くびと腰《こし》は、かなりよく曲《ま》げることができます。

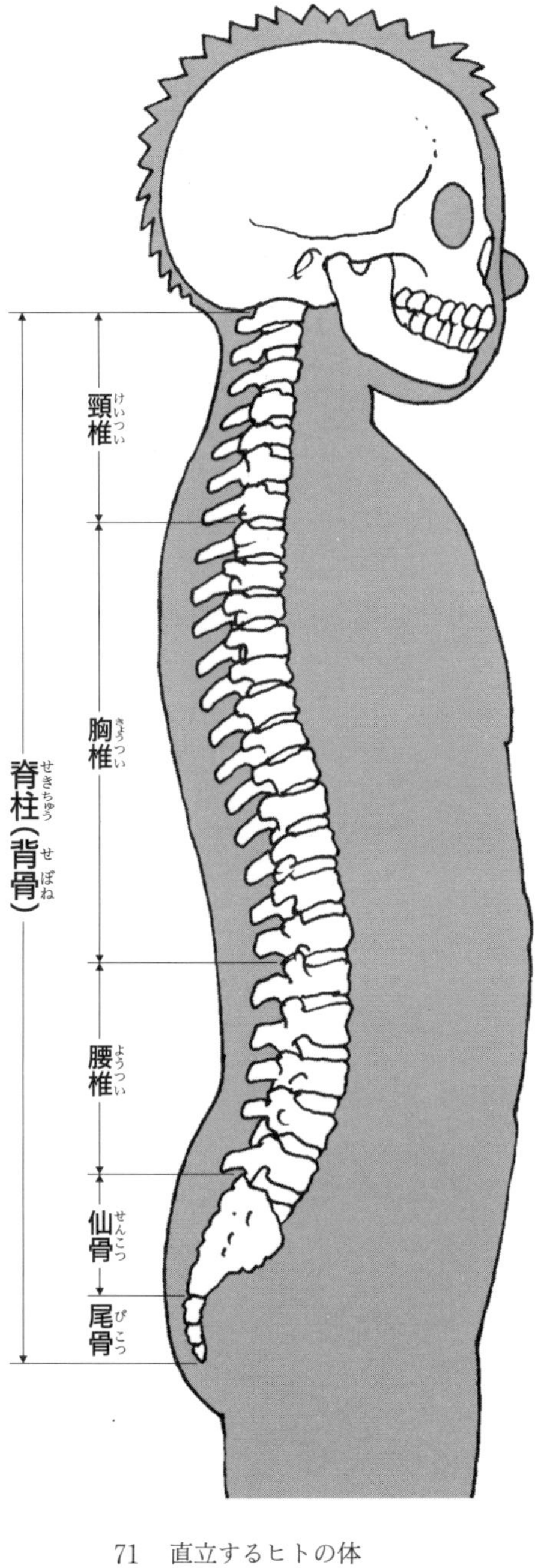

直立《ちょくりつ》するヒトでは、脊柱《せきちゅう》といえるわけですが、四足獣《しそくじゅう》をはじめ、魚類《ぎょるい》や爬《は》虫類《ちゅうるい》など他《た》の脊椎動物《せきついどうぶつ》では、それはすべて横《よこ》になっているのですから、むしろ梁《はり》の役割《やくわり》を果《は》たしていることになります。しかし、これらもヒトにあわせて、脊柱とよばれています。

ヒトの脊柱を横《よこ》からみると、それはまっすぐな柱《はしら》ではなく、くねくね軽《かる》くS字状《エスじじょう》に曲《ま》がっています。

ふつうの四足獣の脊柱は、まん中《なか》が丸《まる》みをおびた弓形《ゆみがた》です。どうして、ヒトの脊柱だけがS字状なのでしょうか？　それは、ヒトでは脊柱は、バネの役割《やくわり》をうけもっているのです。

からだを固《かた》くしながら、背《せ》すじをできるだけのばし、また下肢《かし》ものばしたまま、かかとから力《ちから》いっぱい踏《ふ》みおろしたらば、どうでしょう。

かかとがうけた衝撃《しょうげき》は、そのまままっすぐ体《からだ》を伝《つた》わって、頭《あたま》をぐゎーんと直撃《ちょくげき》するでしょう。かかと、下肢《かし》、脊椎《せきつい》、頭《あたま》が垂直線上《すいちょくせんじょう》にのるからです。

●ヒトの脊柱《せきちゅう》がS《エス》字《じ》状《じょう》なのは…

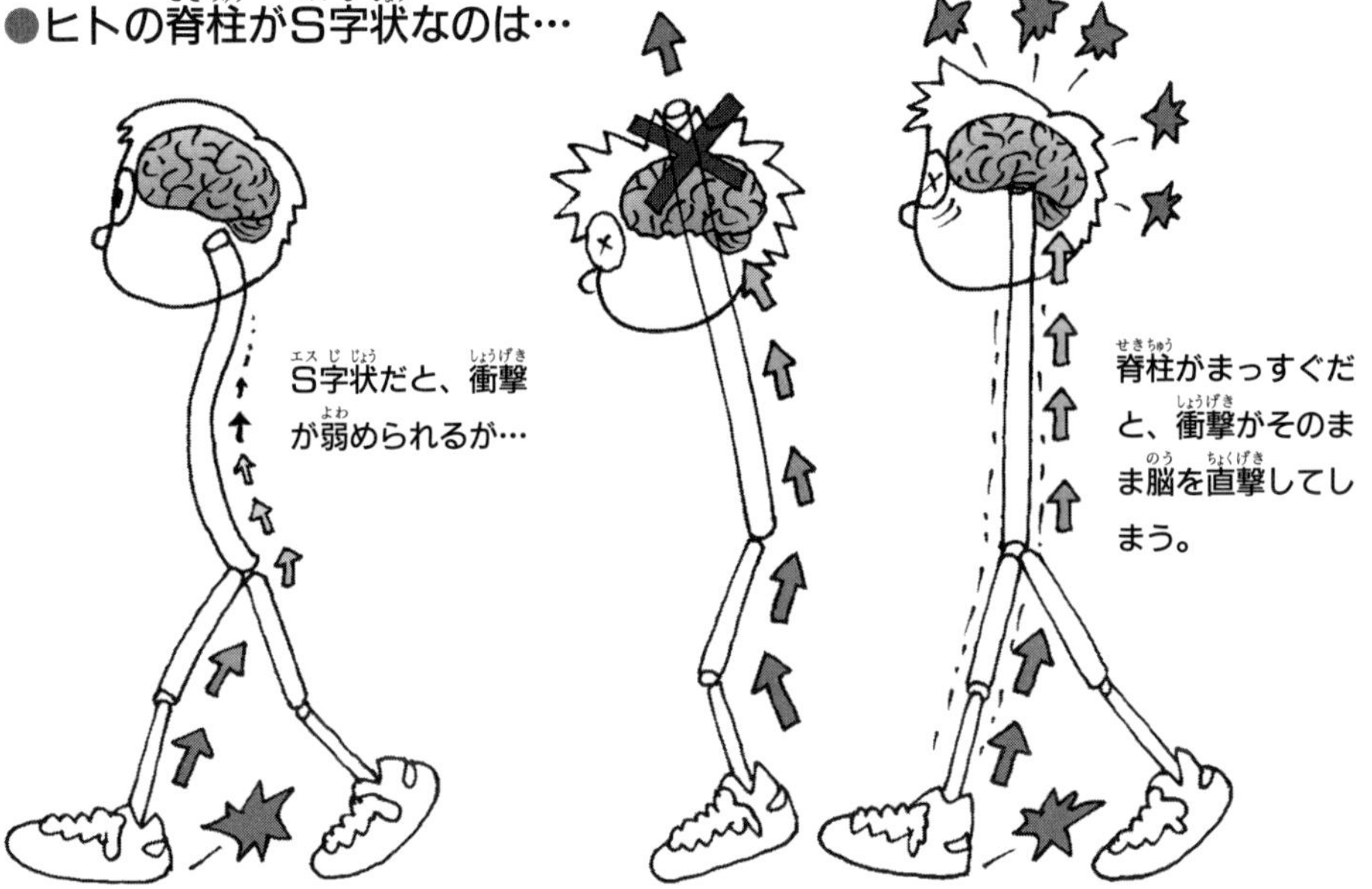
S《エス》字《じ》状《じょう》だと、衝撃《しょうげき》が弱《よわ》められるが…
脊柱《せきちゅう》がまっすぐだと、衝撃《しょうげき》がそのまま脳《のう》を直撃《ちょくげき》してしまう。

脳《のう》に衝撃《しょうげき》は禁物《きんもつ》です。

しかし、脊柱《せきちゅう》がS《エス》字《じ》状《じょう》に曲《ま》がっていると、それはバネの役《やく》をしますから、衝撃はそこで弱《よわ》められてしまいます。

いま、一五センチくらいの細《ほそ》い針金《はりがね》の一端《いったん》を右手でもって、左手の手のひらをつっついてみます。すると、けっこう痛《いた》みを感《かん》じます。でも、この針金《はりがね》を二《に》か所《しょ》に軽《かる》い曲《ま》げをつくって、おなじようにつついてみると、針金はたわみ、はるかに痛みはやわらぎます。

四足獣《しそくじゅう》では、足《あし》がうけた衝撃《しょうげき》は、体《からだ》のなかを走《はし》るあいだにすっかり弱《よわ》められ、頭《あたま》には、とくに衝撃《しょうげき》はとどかないようです。

ヒトの脊柱《せきちゅう》の波形《なみがた》の曲線《きょくせん》は、衣服《いふく》の着方《きかた》にも影響《えいきょう》します。七一ページの図《ず》をみてください。胸椎《きょうつい》の部分《ぶぶん》は後《うし》ろへふくらんでおり、胸《むね》の内部《ないぶ》に大きく肺《はい》や心臓《しんぞう》をおさめます。ぎゃくに、腰《こし》のすぐ上は大きく凹《へこ》み、ここにズボンのベルトがはまります。そして、うまいことに、腰のわきは骨《こつ》盤《ばん》のすぐ上になり、ベルトや帯《おび》は、ここに具合《ぐあい》よくかかります。

他方《たほう》、チンパンジーの子が、芸《げい》をするために、見物人《けんぶつにん》の前にでるときは、かわいらしい洋服《ようふく》を着《き》せられますが、それは、かならずつなぎか、ズボン吊《つ》りをしています。チンパンジーには、腰のくびれがないので、ベルトはうまくかからず、ズボンがおちてしまうからです。

ヒトの脊柱は、上のほうが細《ほそ》く、下へいくにつれ太《ふと》くなります。くびの骨《ほね》(頸椎《けいつい》)は小ぶりですが、腰の骨(腰椎《ようつい》や仙骨《せんこつ》)は大きく、がっしりしています。それは、コンクリートの煙突《えんとつ》が、根《ね》もとにいくほど太《ふと》くなるのとおなじことで、下のほうの脊椎《せきつい》は、それより上のからだの重《おも》さに耐《た》えなければならないからです。

なお、尾骨《びこつ》はしっぽの芯《しん》となるものだけに、しっぽをもたないヒトのばあいは、ごく小さな尾椎《びつい》が三～五個《こ》つながって、仙骨《せんこつ》の先《さき》にとりついています。昔《むかし》は「尾《び》てい骨《こつ》」とよんでいましたが、尾骨が正しいよび名です。

10 細《ほそ》いくび・太《ふと》いくび

くびから腰《こし》まで、脊柱《せきちゅう》にそって、「背筋《はいきん》」とよばれる筋肉《きんにく》が走《はし》っています。「気をつけ」の姿勢《しせい》をとるとき、背《せ》すじをぴんと立てますが、そのとき働《はたら》くのは、この筋肉です。なかでも、くびすじに力《ちから》が入《はい》りますね。このとき、くびがまっすぐに立ちます。

四本足《よんほんあし》で立つウマやイヌなど、四足獣《しそくじゅう》の胴体《どうたい》は横《よこ》になっており、その前にくびをぐいともちあげています。それは、背筋《はいきん》が、くびを後《うし》ろへひいているからです。

四足獣にくらべると、ヒトのくびは、はるかに細《ほそ》いですね。

イヌにくび輪《わ》をゆるめにとりつけると、いつのまにか、くび輪が頭《あたま》からすっぽりぬけてしまいます。くびの太《ふと》さが、頭《あたま》の横《よこ》まわりより、わずかに細《ほそ》いていいどだからです。ヒトの場合《ばあい》だと、きちんと締《し》めたネクタイが、くびからぬけてしまうことは、まずありえないことです。

なぜ、ヒトのくびだけが細いのでしょう?

いま、横《よこ》にたおした棒《ぼう》の端《はし》をにぎり、そのままもちあげると、たいへん重《おも》く感《かん》じられます。ところが、この棒を垂直《すいちょく》に立てると、軽々《かるがる》ともちあげられます。

四足獣《しそくじゅう》は四本の脚《あし》で立ち、胴体《どうたい》は横《よこ》になっています。その胴体から前へつきでたくびや頭《あたま》を、背《せ》すじの背筋《はいきん》が、後《うし》ろからひきあげています。それだけに、くびの筋肉《きんにく》は力強《ちからづよ》く、太《ふと》いのです。キリンやウマのくびは長いうえに、太く、とくに、くびの根《ね》もとは、たいへん太くなっています。頭の大きいカバやブタのくびは、短《みじか》くとも、やはり太いですね。

●ヒトの首《くび》は、なぜ細《ほそ》い？

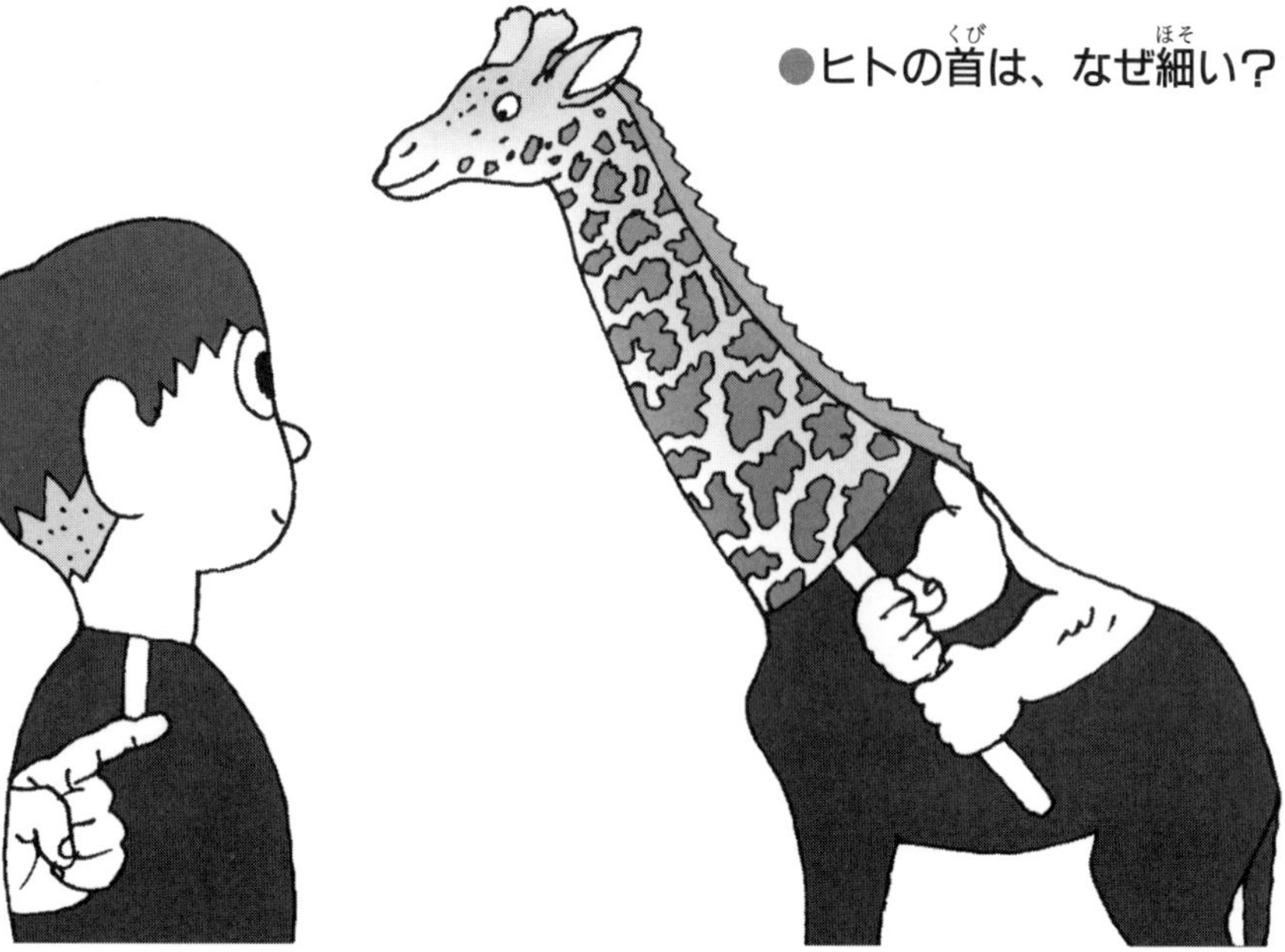

ところが、二本足《にほんあし》で立つヒトの頭《あたま》とくびは、垂直《すいちょく》になった胴体《どうたい》の上にのりますから、くびすじを立てる背筋《はいきん》の力《ちから》は、弱《よわ》くてすみます。また、ヒトは手で食べものを口《くち》まで運《はこ》びますから、くびは短《みじか》くてよいのです。こういうわけで、ヒトのくびは細《ほそ》く、四足獣《しそくじゅう》のくびは太《ふと》いのです。

　ところで、ヒトでは、背筋がくびを強《つよ》くひきすぎると、頭《あたま》は後《うし》ろへたおれ、あごが上《あ》がってしまいます。そのためには、ほどよく前からもひっぱり、つりあわせなければなりません。じつは、ヒトには、そういう筋肉《きんにく》があるのです。

●首《くび》を前にひく筋肉《きんにく》は…

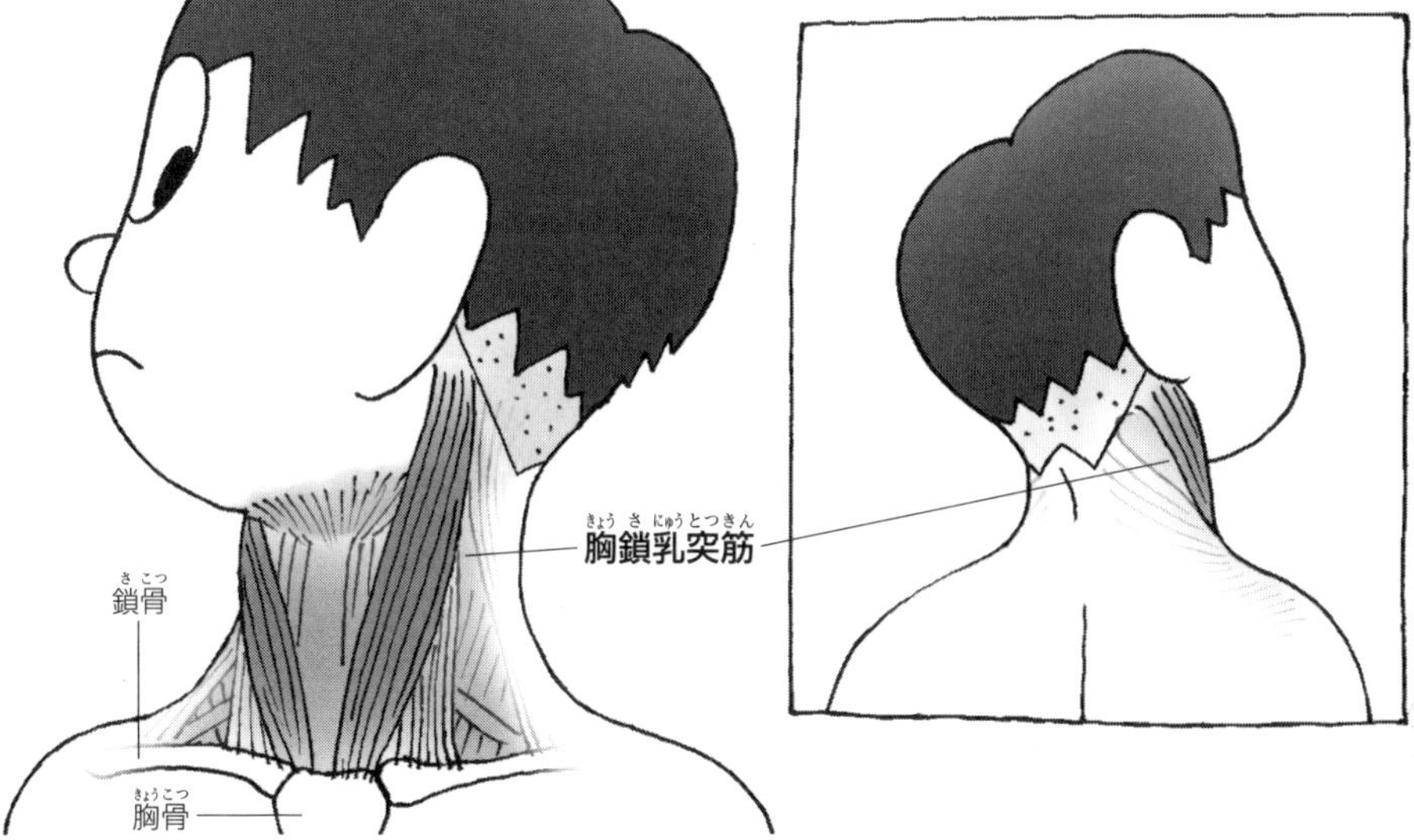

くびを正面《しょうめん》からみると、左右《さゆう》の耳《みみ》の後《うし》ろから斜《なな》めに盛《も》り上《あ》がって、V《ブイ》の字《じ》を描《えが》く、胸鎖乳突筋《きょうさにゅうとつきん》という筋肉《きんにく》があるのに気がつきます。くびを横《よこ》へまわすと、この筋肉は、いっそうよくわかります。手でさわって、たしかめてください。

さて、この筋肉は、直立《ちょくりつ》したヒトだけに、よく発達《はったつ》しています。この筋肉が、左右いっしょに軽《かる》く働《はたら》くだけで、あおむけになりがちなくびを前へひきもどすことになって、頭《あたま》の位置《いち》を正しく前へむけるのです。なお、この筋肉を片側《かたがわ》だけ働《はたら》かすと、そのほうへくびは向《む》きます。

おもしろいことに、哺《ほ》乳類《にゅうるい》のくびの骨《ほね》の数《かず》、つまり「頸椎《けいつい》」の数は、なぜだかわかりませんが、七個《こ》ときまっています。くびの長いキリンも、短いモグラも、また、くびの細《ほそ》いヒトも、頸椎の数は七個です。もちろん、キリンの頸椎は一個一個が、細長《ほそなが》い形《かたち》をしています。

しかし、鳥類《ちょうるい》では、種《しゅ》によって頸椎の数はまちまちで、多《おお》くのものでは一四〜一五個です。

くびが長ければ、その数は増《ふ》えます。ハクチョウでは二五個、フラミンゴでは一八個です。これらの鳥の頭《あたま》は小さく、くびはよく曲《ま》がりますが、ふつうは細長いくびを垂直《すいちょく》に立てており、ねむるときは、くびをおり曲《ま》げて、胴体《どうたい》の上にのせます。

くびは、頭《あたま》と胴体とを結《むす》びつけます。くびの心棒《しんぼう》となるのが頸椎ですが、それは四足獣《しそくじゅう》では、頭の骨の後《うし》ろ側《がわ》につきます。いっぽうヒトでは、頭の真《ま》下《した》につきます。

くびの骨がつくところには、頭の骨に大きな穴《あな》があります。この穴をとおして、頭の骨の内部《ないぶ》にある「脳《のう》」が、脊柱《せきちゅう》のなかにある「脊髄《せきずい》」とひとつづきになります。

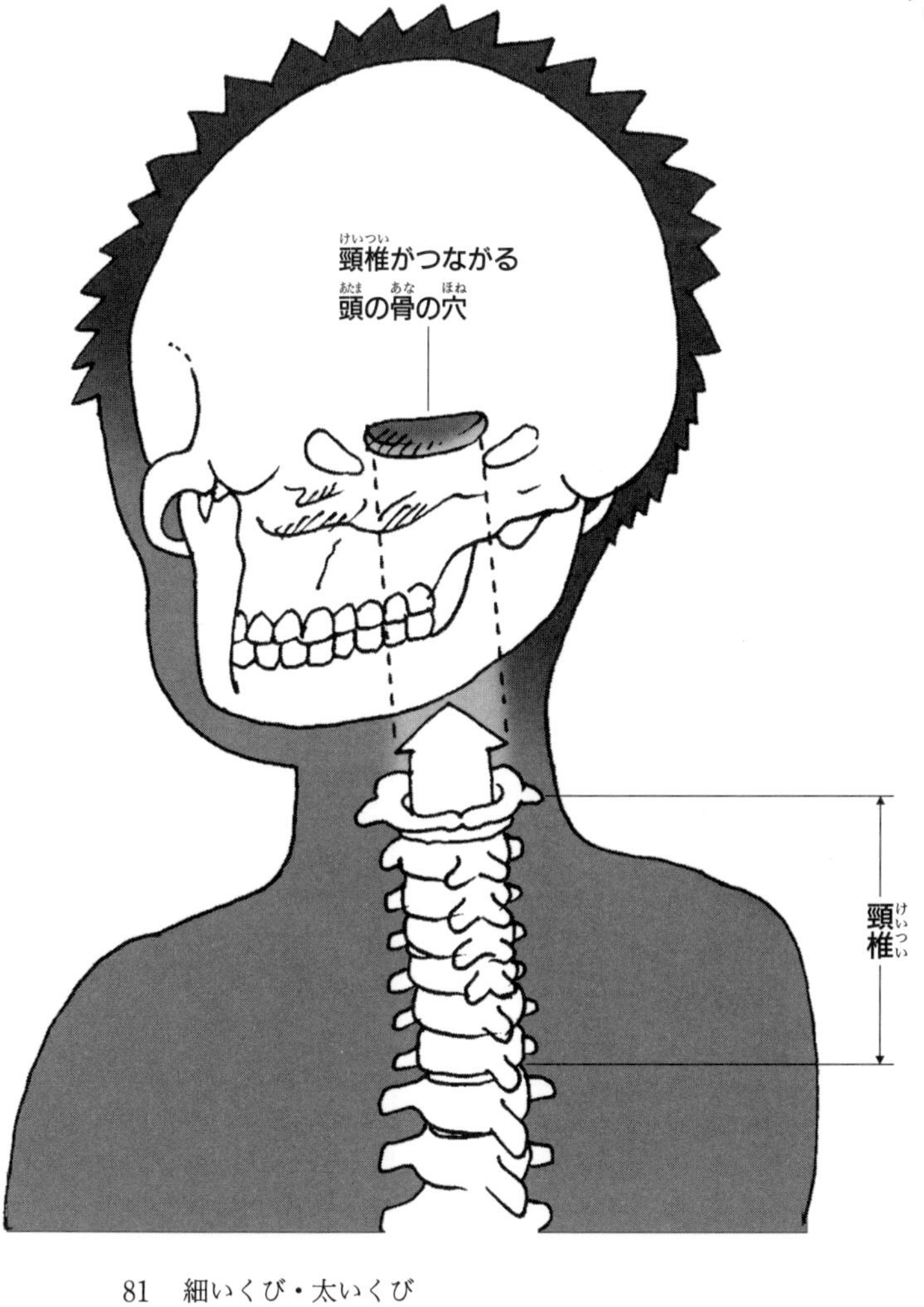

11

大きな骨盤《こつばん》

四足獣《しそくじゅう》の胴体《どうたい》の後《うし》ろの部分《ぶぶん》には、後肢《こうし》のつけ根《ね》となる骨《ほね》があります。それは「骨盤《こつばん》」とよばれていますが、たいへん、ややこしい形《かたち》をしています。左《ひだり》の図《ず》は、ヒトの骨盤ですが、よくみながら読《よ》んでください。

骨盤は、脊椎《せきつい》の下の部分の「仙骨《せんこつ》」と、左右《さゆう》の「寛骨《かんこつ》（腰《こし》の骨《ほね》）」が組《く》みあわさってできた骨なのです。この三つの骨のあいだには、大きな空洞《くうどう》があるので、それは、まるで底《そこ》がぬけた籠《かご》のようにもみえます。

この空洞のなかに、直腸《ちょくちょう》（糞《ふん》を貯《た》めておく部分）と、その前に膀胱《ぼうこう》（尿《にょう》を貯めておく袋《ふくろ》）があります。女性《じょせい》では、このふたつのあいだに、子宮《しきゅう》や卵巣《らんそう》

骨盤《こつばん》のつくり

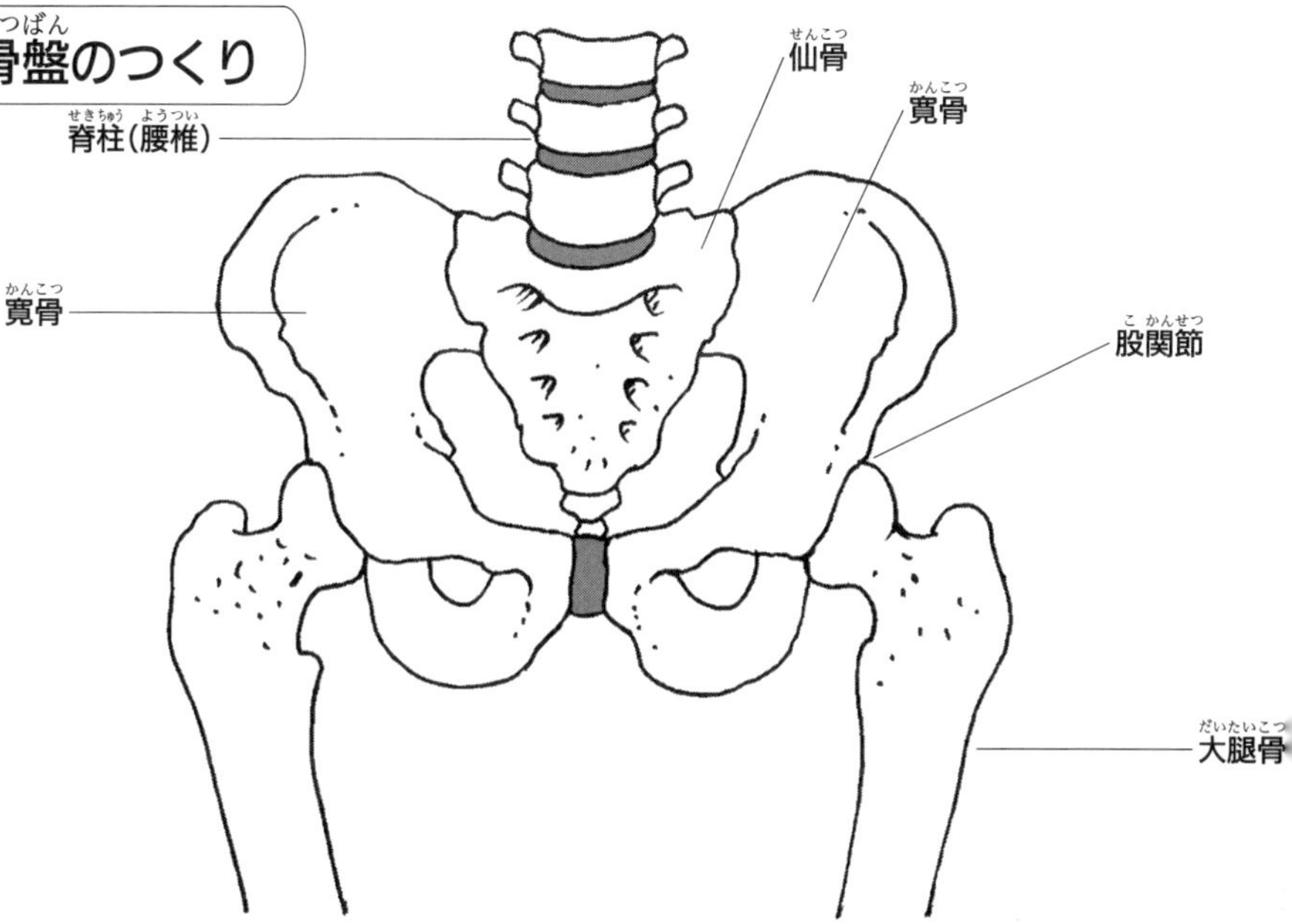
脊柱《せきちゅう》（腰椎《ようつい》）
仙骨《せんこつ》
寛骨《かんこつ》
寛骨《かんこつ》
股関節《こかんせつ》
大腿骨《だいたいこつ》

が入《はい》ります。これらは、すべてやわらかく、また、傷《きず》ついたら一大事《いちだいじ》ですから、骨盤《こつばん》がしっかり守《まも》っているのです。

四足獣《しそくじゅう》では、骨盤《こつばん》のおもな役割《やくわり》は、いま述《の》べた内臓《ないぞう》の保護《ほご》と、後肢《こうし》（ヒトでは、下肢《かし》）のつけ根《ね》であり、いろいろな筋肉《きんにく》がつく部分《ぶぶん》であることです。

骨盤の外側《そとがわ》、左右《さゆう》の寛骨《かんこつ》のまん中《なか》には、丸《まる》みをおびた、大きな凹《くぼ》みがあります。そこに、大腿骨《だいたいこつ》の、半《なか》ばボールのような丸い頭《あたま》が、すっぽり入《はい》りこみます。これを「股関節《こかんせつ》」といいます。このように、骨盤は下肢のつけ根となるのです。

ところが、ヒトは直立《ちょくりつ》するため、その骨盤《こつばん》には、もうひとつ、大きな役割《やくわり》が加《くわ》わりました。それは、直立《ちょくりつ》した上半身《じょうはんしん》を支《ささ》えつづけることです。上半身は、たいへん重《おも》いものですから、ヒトの骨盤は、全体《ぜんたい》として幅《はば》ひろで、がんじょうなつくりをしています。

骨盤のうち、寛骨《かんこつ》の上の部分《ぶぶん》は大きくひろがっていて、その内面《ないめん》は、やや上をむいて、浅《あさ》く凹《へこ》んでいます。それは、まるで、スイカをもちあげる左右《さゆう》の手のひらのように、上半身をそっくり支えるところなのです。

骨盤とは、ずいぶん難《むずか》しい名前ですが、「骨《ほね》でできた大皿《おおざら》」という意味《いみ》です。たしかに、ヒトの骨盤は、ものをのせる皿《さら》の役割《やくわり》を果《は》たしていますね。

おもしろいことに、ヒトにもっとも近いといわれるゴリラやチンパンジーの骨盤は、丈《たけ》が高いうえ、幅《はば》はせまく、ヒトの骨盤とは、だいぶちがう形《かたち》をしています。寛骨の上のあたりは、やや細長《ほそなが》い板《いた》のようにみえます。この骨盤は、前かがみの胴体《どうたい》の腰《こし》にただついているので、なにも支えてはいません。

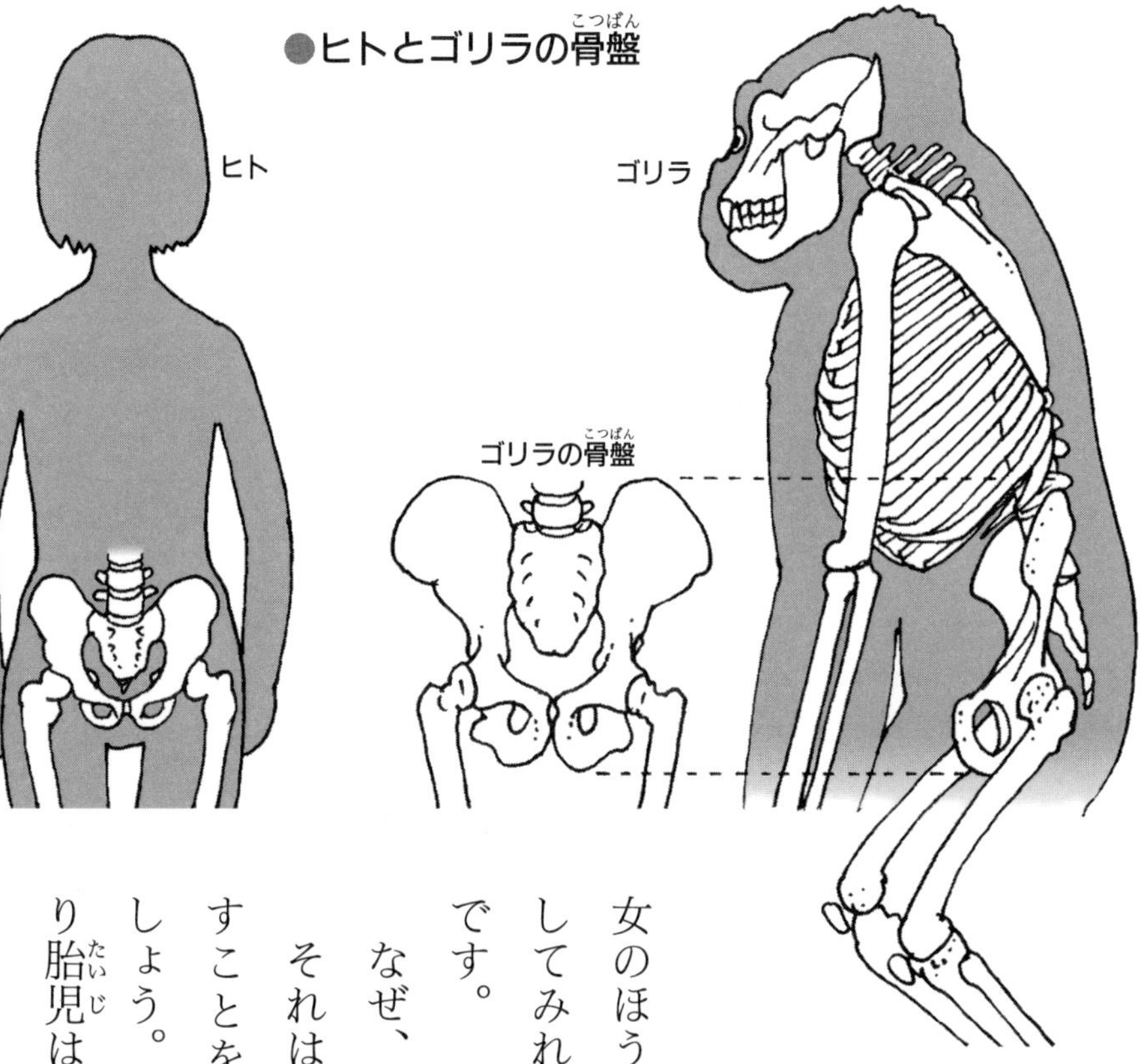
●ヒトとゴリラの骨盤《こつばん》
ヒト
ゴリラ
ゴリラの骨盤《こつばん》

ヒトの骨盤《こつばん》は男《おとこ》と女《おんな》のあいだで、形《かたち》がすこし異《こと》なります。身長《しんちょう》や体重《たいじゅう》、肩幅《かたはば》や手足《てあし》などは、男のほうが大きいのですが、骨盤の幅《はば》は、女のほうが、やや大きいのです。全体《ぜんたい》としてみれば、女の骨盤は、横《よこ》にひろいのです。

なぜ、女の骨盤はひろいのでしょう？

それは、母親《ははおや》がおなかに赤ちゃんを宿《やど》すことを考《かんが》えれば、すぐわかることでしょう。おなかのなかの赤ちゃん、つまり胎児《たいじ》は、頭《あたま》を骨盤の空洞《くうどう》の入《い》り口《ぐち》にさしこんで、逆立《さかだ》ちのままでいます。

他《た》の哺《ほ》乳類《にゅうるい》にくらべて、ヒトの赤ちゃんは、きわだって大きな頭《あたま》をしています。その赤ちゃんは、生《う》まれるときには、骨盤《こつばん》のなかの空洞《くうどう》を、やっとこさでくぐりぬけてくるのです。そんなに大きな頭をもつ、赤ちゃんを支《ささ》えている女の骨盤は、どうしても、幅《はば》ひろくなければなりません。

直立二足歩行《ちょくりつにそくほこう》をするうえで、骨盤がひろいことは、たいへん助《たす》かることです。また、大きな頭の子が生まれるためには、やはり、骨盤が大きく、とくに幅ひろいことが、具合《ぐあい》よいのです。このように、ヒトの直立二足歩行は、大きな、賢《かしこ》い頭になることと、深《ふか》く結《むす》びついているのです。

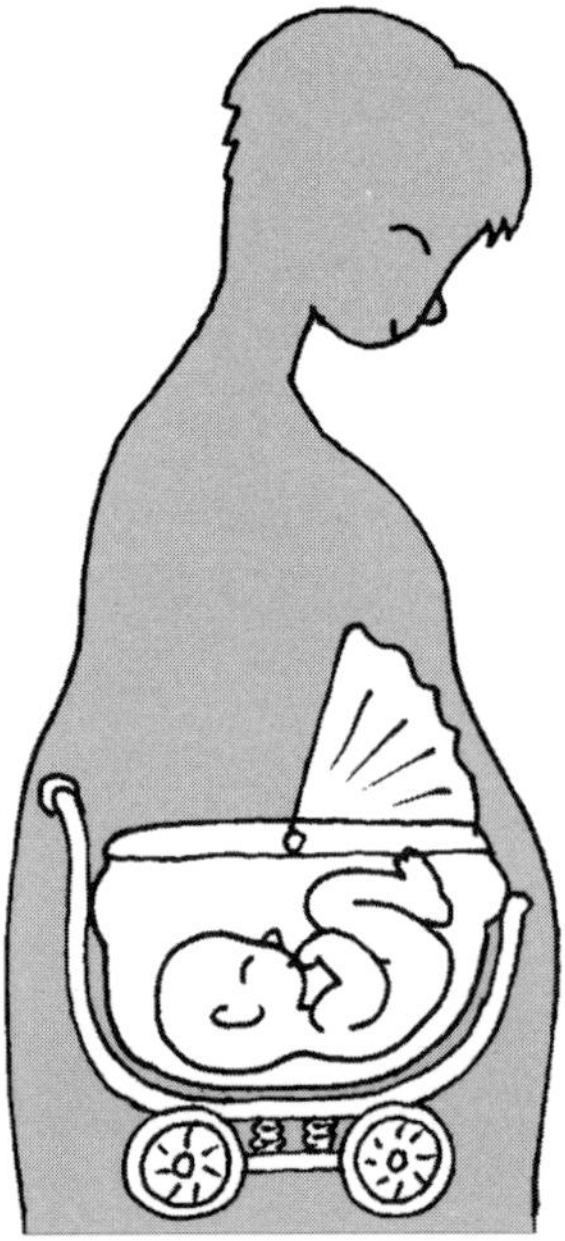

12

丸《まる》いお尻《しり》と、平《たい》らな背中《せなか》

裸《はだか》になったヒトの体《からだ》を後《うし》ろからながめると、左右《さゆう》のお尻《しり》が、まるでフランスパンのように、丸《まる》くふっくらと盛《も》りあがっています。その下の縁《へり》は、横《よこ》に走《はし》る深《ふか》い皮膚《ひふ》の溝《みぞ》になります。このような溝や、丸くふくらんだお尻は、ヒトにだけみられます。たしかに、イヌやウマにはみられませんね。

ヒトのお尻のふくらみは、「大《だい》でん筋《きん》」という、太《ふと》くて短《みじか》い筋肉《きんにく》が発達《はったつ》していることと、皮膚の下の脂肪《しぼう》が厚《あつ》いことでできています。

もちろん、大でん筋は、四足獣《しそくじゅう》にもそなわっています。この筋肉は、歩くとき、大腿骨《だいたいこつ》を後《うし》ろへひっぱります。その点では、ヒトも四足獣も、おなじ

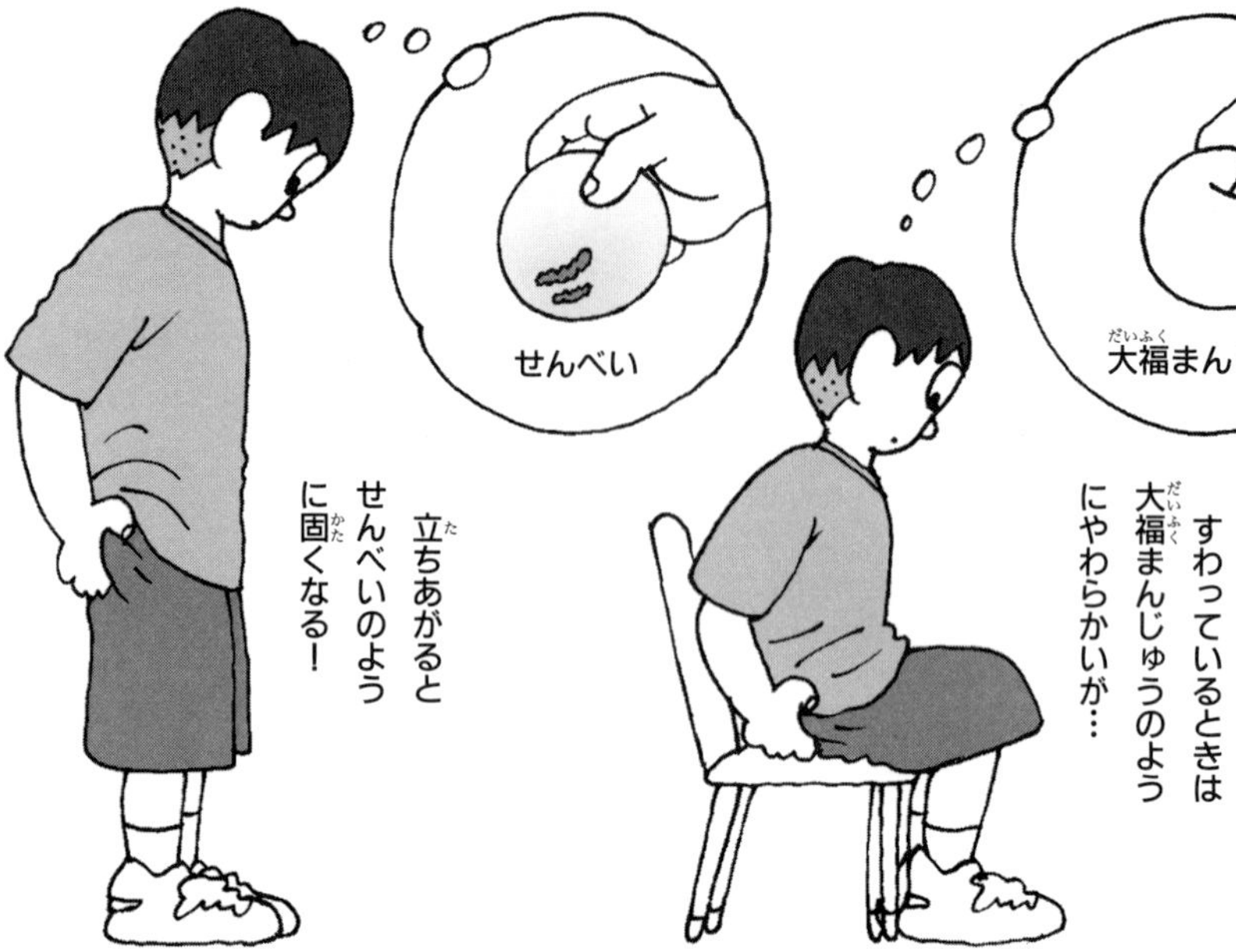
せんべい
大福《だいふく》まんじゅう
立《た》ちあがるとせんべいのように固《かた》くなる！
すわっているときは大福《だいふく》まんじゅうのようにやわらかいが…

つかい方《かた》をします。

では、どうして、ヒトのお尻《しり》だけが、丸《まる》くふくらんでいるのでしょうか？

いま、お尻に手をあてながら、椅子《いす》にすわってみましょう。そのときのお尻は、やわらかいですね。

つぎに、そのまま立ってみます。とたんに、お尻は固くなりましたね。これは、大《だい》でん筋《きん》が働《はたら》いて縮《ちぢ》まり、大腿骨《だいたいこつ》を後《うし》ろへひくからです。

すわっている姿勢《しせい》から立つ姿勢にうつるときには、胴体《どうたい》に対して大腿骨《だいたいこつ》は、九〇度《ど》も回転《かいてん》することになります。このように、ヒトが直立《ちょくりつ》して立っているときも、大《だい》でん筋《きん》は力強《ちからづよ》く働《はたら》いていますが、歩いているときには、さらに大でん筋は存分《ぞんぶん》に働くのです。歩きながらお尻《しり》に手をあてると、大でん筋の働きが、よくわかるでしょう。四足獣《しそくじゅう》は、ヒトのように、直立して立つことはなく、大でん筋の働きも弱《よわ》いのです。

つぎに、ヒトの「胸《むね》」の形《かたち》を調《しら》べてみましょう。

じっさいにノコギリで切《き》るわけにはいきませんが、胸を輪切《わぎ》りにしたときの形を考《かんが》えてみます。これを「横断面《おうだんめん》」といいます。つぎのページの図のように、ヒトの胸の横断面は、横幅《よこはば》のほうが奥行《おくゆ》きより長いのですが、四足獣では、反対《はんたい》に奥行きのほうが長くなっています。なぜでしょう？

それを考える前に、胸の内部《ないぶ》をみることにしましょう。四足獣でも爬虫類《はちゅうるい》でも魚類《ぎょるい》でも、そこには、心臓《しんぞう》や肺《はい》などというような、たいせつな内臓《ないぞう》がおさめられています。どれも、内部は空洞《くうどう》なので、外《そと》から強《つよ》い力《ちから》が加《くわ》わると、つぶれてしまいます。

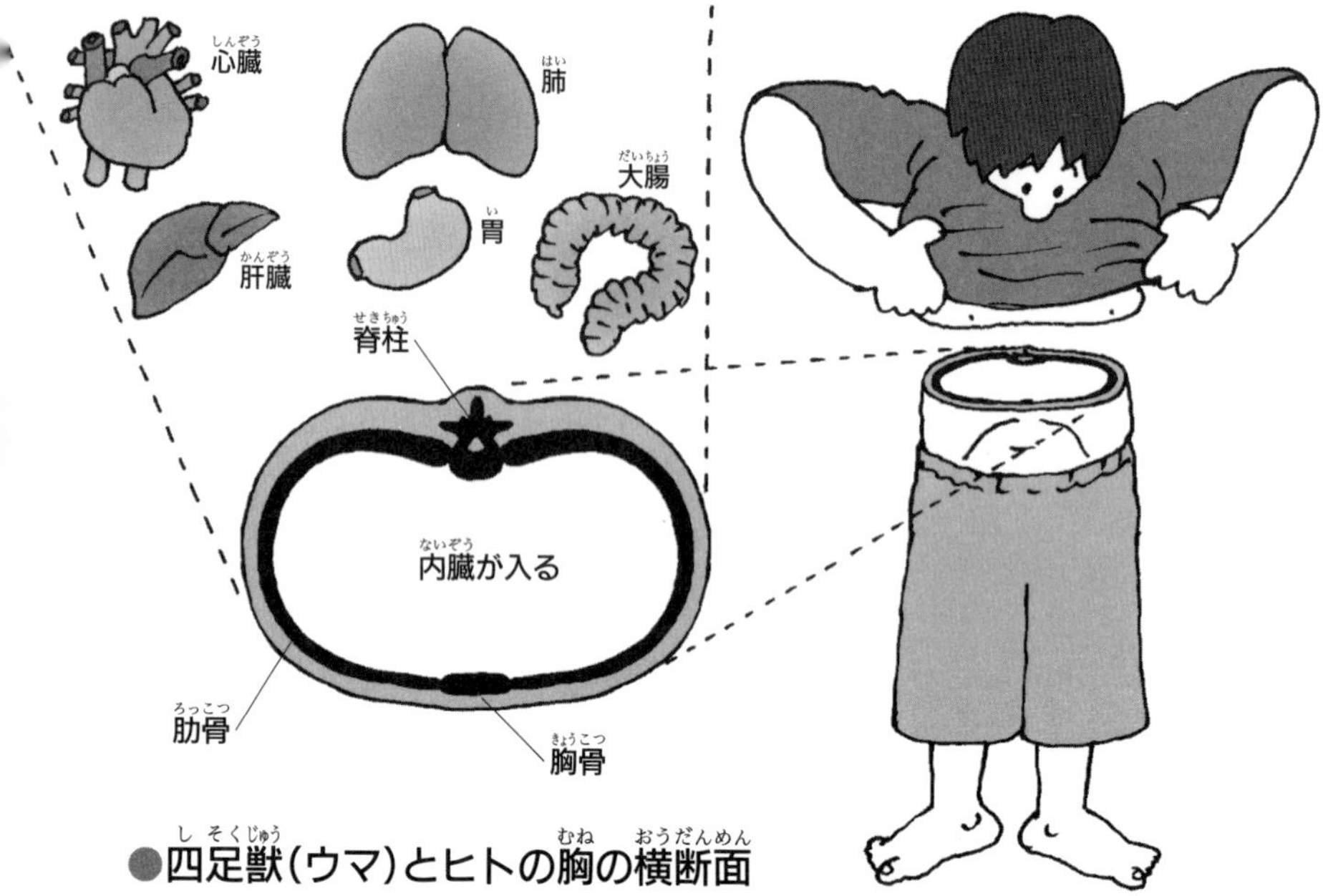
心臓《しんぞう》
肺《はい》
大腸《だいちょう》
胃《い》
肝臓《かんぞう》
脊柱《せきちゅう》
内臓《ないぞう》が入る
肋骨《ろっこつ》
胸骨《きょうこつ》

●四足獣《しそくじゅう》（ウマ）とヒトの胸《むね》の横断面《おうだんめん》

つぶれてしまってはたいへんです。そこで、胸のまわりは、脊柱《せきちゅう》や肋骨《ろっこつ》や胸骨《きょうこつ》という骨《ほね》が、がんじょうな箱《はこ》のように、これらの内臓《ないぞう》をかこんで、守《まも》っているのです。

五四ページの図《ず》をみてください。両生類《りょうせいるい》や爬虫類《はちゅうるい》とちがい、四足獣《しそくじゅう》は、長い脚《あし》で胴体《どうたい》を地面《じめん》から高くもちあげるため、はるかに速《はや》く歩き、走《はし》ります。そのとき、胴体が横《よこ》ゆれしないためには、左右《さゆう》のあしのあいだがせまいほうがよく、また疲《つか》れません。そこで、胴体の幅《はば》はせまく、胸《むね》の横断面《おうだんめん》は、縦長《たてなが》の楕円形《だえんけい》とな

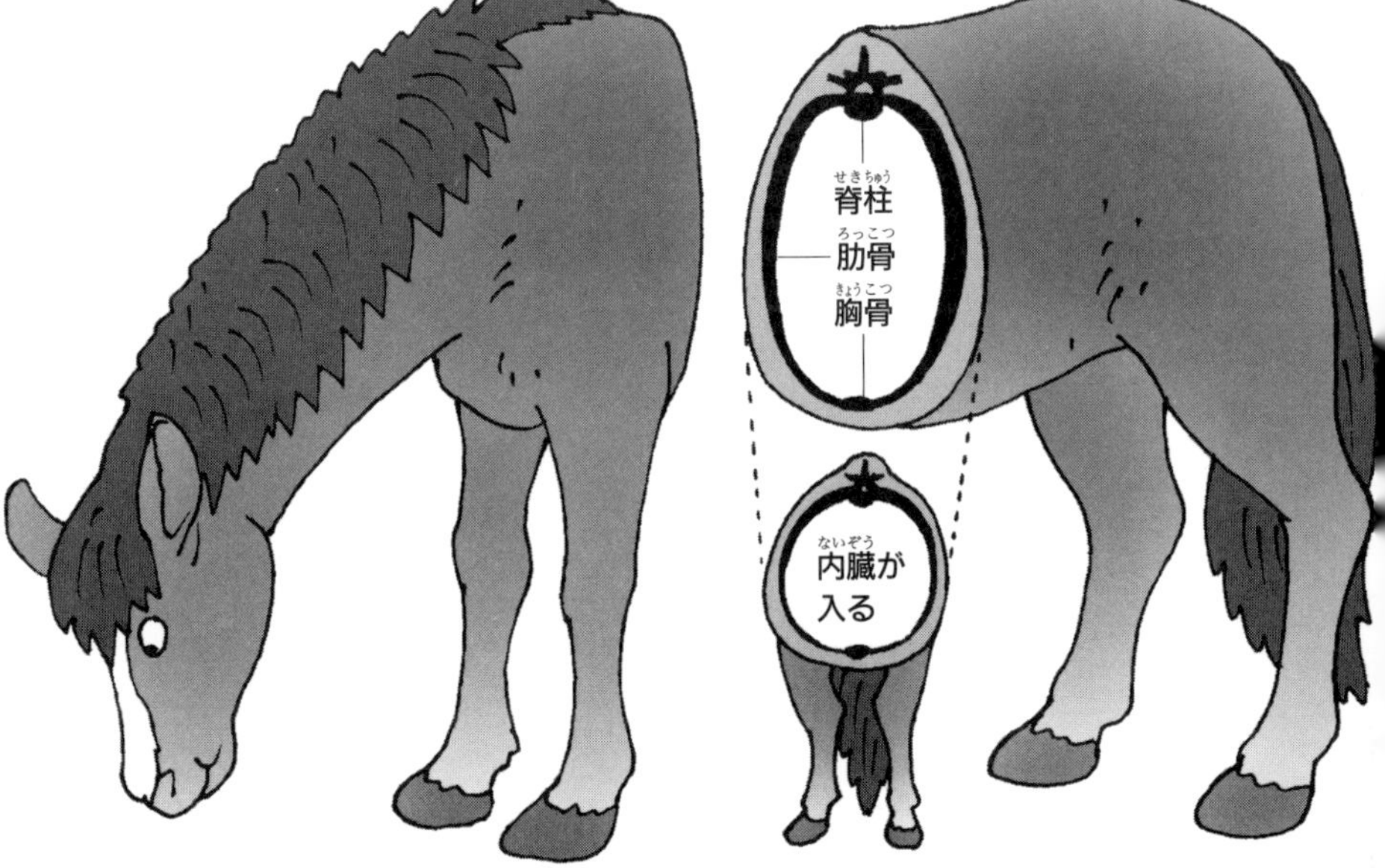

っているのです。

四足獣《しそくじゅう》の脊柱《せきちゅう》は、その楕円形《だえんけい》のひとつの端《はし》である背中側《せなかがわ》に、前後《ぜんご》に走《はし》る梁《はり》となっています。このまま直立《ちょくりつ》すると、脊柱が大黒柱《だいこくばしら》となりますが、あまりにも後《うし》ろに片《かた》よりすぎていて、胴体《どうたい》は前のめりがちになるでしょう。

しかし、ヒトの胸《むね》はそれとはちがい、図《ず》のように、脊柱《せきちゅう》ができるだけ胸の内部《ないぶ》に入《はい》りこみ、奥行《おくゆ》きが短《みじか》くなって、横幅《よこはば》がぐんとひろくなっています。つまり、ヒトだけが、哺乳類《ほにゅうるい》のなかで、ひとり横幅のひろい胸をもつことになりました。

胸の後《うし》ろ側《がわ》は、背中《せなか》になります。四足獣《しそくじゅう》の背中は、山の尾根《おね》のようにせまいのですが、ヒトの背中はひろく、ほぼ平《たい》らです。そこで、ヒトは、背中に荷物《にもつ》を荷《にな》ったり、ランドセルを背《せ》おったりするのです。また、ヒトは、大《だい》の字《じ》になってねることができますが、安心《あんしん》して、イヌやネコが腹《はら》をだしてねるときでも、右か左か、どちかへからだが片《かた》よります。

胸《むね》の横断面《おうだんめん》が横《よこ》にひろがっているだけでなく、ヒトの上肢《じょうし》は、横断面の外《そと》側《がわ》につくので、肩《かた》が外側にでっぱります。肩にカバンをかけて歩くことができるのは、もちろん、ヒトだけです。

13 ヒトの足《あし》あとのひみつ

日本列島《にほんれっとう》からはるか南《みなみ》、太平洋上《たいへいようじょう》には、ミクロネシアとよばれる数多《かずおお》くの島々《しまじま》が散《ち》らばっています。太平洋戦争《たいへいようせんそう》までの二十数年間《すうねんかん》、日本は、これらの島々を治《おさ》めていました（注②102ページ）。そういう時代《じだい》のある島のある家《いえ》へ、めずらしく泥棒《どろぼう》が入《はい》りました。

訴《うった》えをきいて、さっそく、日本人の巡査《じゅんさ》が、数人《すうにん》の島民《とうみん》とあたりを調《しら》べてみました。やがて、ひとりの島民が叫《さけ》びました。

「ああ、ここに足《あし》あとがある。これは××の足あとにちがいない」

捕《と》らえてみると、やはり、××が盗《ぬす》みに入った、と白状《はくじょう》しました。

足指型《あしゆびがた》
足《あし》うら型《がた》
ネコ
ライオン
ヒト
ノウサギ
クマ

そのころの島民《とうみん》は、日ごろ、砂《すな》まじりの地面《じめん》の上をはだしで歩いていたので、さまざまな人の足《あし》あとを、人びとはよく目にしました。島民のなかには、顔《かお》を覚《おぼ》えるように、足あとをみて、それが誰《だれ》だか、わかる者《もの》がいたのです。

足あとをみて、その人が誰かを知《し》ることは、ふつうの人びとにはとてもできません。しかし、それが動物《どうぶつ》の足あとだと、注意《ちゅうい》しだいで、どんな種類《しゅるい》だか、わかるようになります。

図《ず》には、いろいろな哺《ほ》乳類《にゅうるい》の足《あし》あとが

ひづめ型《がた》
ウシ
シカ
ウマ
キツネ
イヌ

描《えが》かれています。これをみると、動物《どうぶつ》の姿《すがた》と足あとが、ずいぶんちがうことに驚《おどろ》かされます。これらのなかで、ひときわめだつ足あとがあります。それは誰《だれ》のものか、あなたはすぐわかりますね。ヒトの足あとです。

哺乳類が立ち、歩くとき、地面《じめん》への足のつき方には、三種類《しゅるい》があります。

イ　足うら型《がた》――かかとを含《ふく》めて、足うらを地《ち》につけるもの（クマ・ノウサギ・ヒト）

ロ　足指型《あしゆびがた》――かかとや足うらの大部《だいぶ》

分《ぶん》をあげ、足指《あしゆび》の腹《はら》だけを地《ち》につけるもの（イヌ・ネコ・キツネ・ライオン）

ハ　ひづめ型《がた》――足指を垂直《すいちょく》におろし、ひづめと、足指の先《さき》だけを地につけるもの（ウマ・ウシ・シカ）

足うら型の例《れい》として、動物園《どうぶつえん》のクマは、檻《おり》のなかでいったりきたりします。そのときの足の動《うご》きを注意《ちゅうい》してみると、足うらをぺったり床《ゆか》の上につけています。その足あとは細《ほそ》めの扇《おうぎ》で、五本の指《ゆび》は、おなじ大きさです。また、かとが地面《じめん》についているので、クマは二本足《にほんあし》で、しっかり立ちあがることができます。

昔《むかし》の人は、雪《ゆき》の上にのこるイヌの足あとを、ウメの花にたとえました。花びらにあたる四つの円《えん》は、足指の腹《はら》のあとです。つまり、これは足指型の足あとなのです。がくにあたる大きな円は、足のうらにある、やわらかい、こぶ

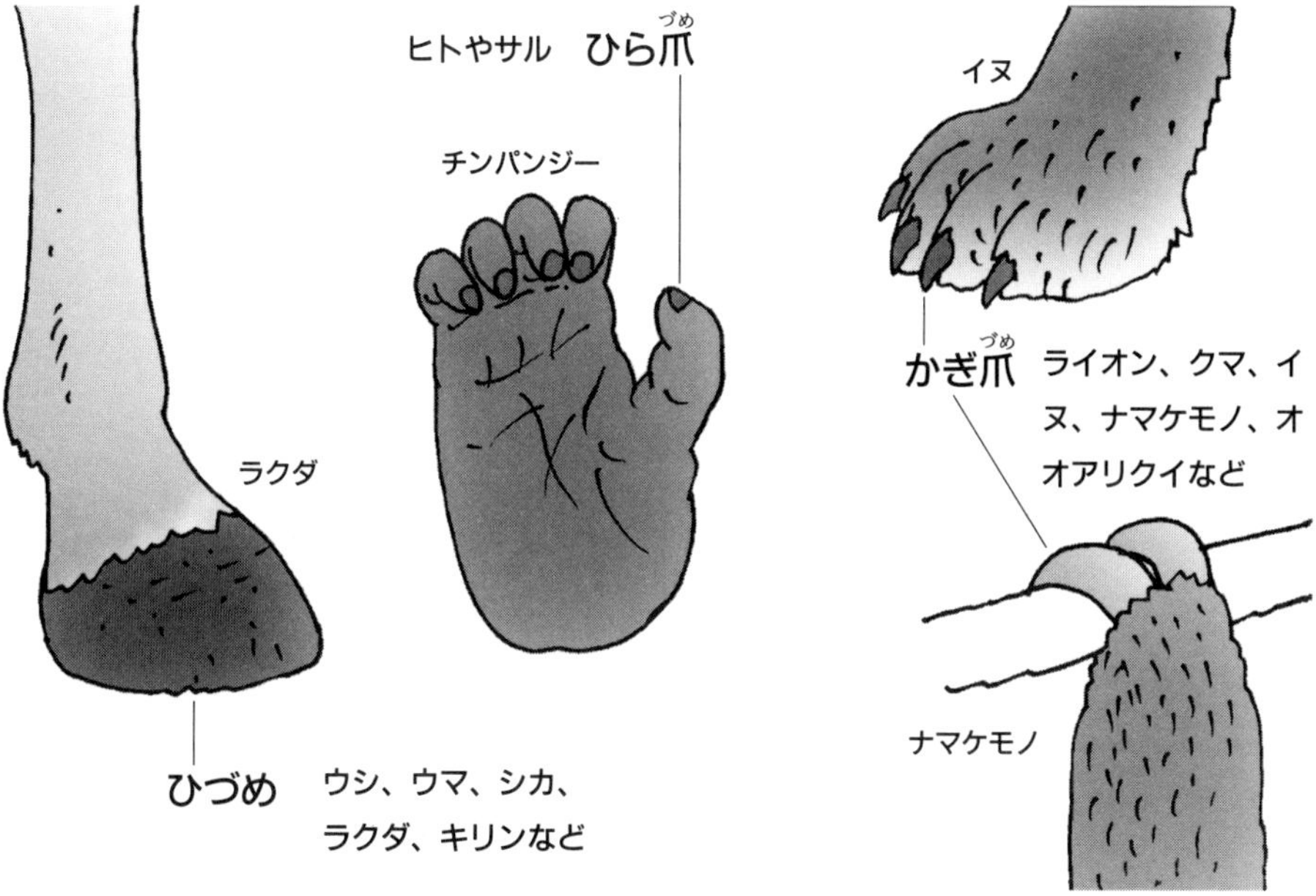
ヒトやサル　ひら爪《づめ》
チンパンジー
イヌ
かぎ爪《づめ》　ライオン、クマ、イヌ、ナマケモノ、オオアリクイなど
ラクダ
ナマケモノ
ひづめ　ウシ、ウマ、シカ、ラクダ、キリンなど

のあとです。

なお、注意《ちゅうい》してみれば、足指《あしゆび》あとの先《さき》に、小さな点がありますが、これは、かぎ爪《づめ》のあとです。

爪《つめ》には、かぎ爪《づめ》、ひら爪、ひづめの三種類《しゅるい》があります。

かぎ爪は、先がとがって、曲《ま》がっている爪です。ふつうの哺乳類《ほにゅうるい》や爬虫類《はちゅうるい》は、かぎ爪をもっています。この爪は、戦《たたか》う相手《あいて》を傷《きず》つけたり、遠《とお》くのものをひきよせるのに便利《べんり》です。

ひら爪は、サルやヒトがもつ平《たい》らな爪で、指先《ゆびさき》を保護《ほご》します。手にした食べものを口《くち》へもっていっても、くちびるを傷《きず》つけません。

ひづめは、これらの爪《つめ》より、はるかにがんじょうでじょうぶな爪であって、ウマやウシやシカなどがもちます。

ひづめは、指先《ゆびさき》の前《まえ》と両脇《りょうわき》の三方《さんぽう》をおおいます。歩くときは、ひづめは地《じ》面《めん》にあたるので、すり減《へ》りますが、常《つね》にわずかながら爪はのびるので、野生《やせい》では、すり減りと新《あら》たなのびとが、つりあいます。

ひづめ型《がた》は、このひづめと足指《あしゆび》の先《さき》を地《ち》につけて、立ったり、歩いたりするのです。ウマは一本指《ゆび》、ウシは二本指で、これらの指はたいへん太《ふと》く、じょうぶです。シカは四本指ですが、じっさいは、なかの太い二本指だけで立ち、そして歩きます。

哺《ほ》乳類《にゅうるい》の指の数《かず》は、もともとは五本です。ところが、速《はや》く歩き、走《はし》るには、指の数が少《すく》ないほうが、うまくいくようです。

棒《ぼう》で地面《じめん》をつくとき、先《さき》が枝分《えだわ》かれているより、一本の太い棒のほうが力《ちから》

ふつうに歩くときは
足《あし》うら型《がた》…
つま先《さき》立《だ》ちだと足指型《あしゆびがた》…
でも、長時間《ちょうじかん》は無理《むり》
指先《ゆびさき》だけで立つ
ひづめ型《がた》は…
トウ・シューズをはかないと
難《むずか》しい…
●足《あし》うら型《がた》
●足指型《あしゆびがた》
●ひづめ型《がた》
クマ
イヌ
ウマ

強《づよ》くつくことができます。また、速《はや》く走《はし》るためには、足指《あしゆび》の少《すく》ないほうが具合《ぐあい》がよく、その点で進化《しんか》しているといってよいでしょう。

ヒトは足《あし》うら型《がた》ですから、立つときや歩くときには、かかとを地《ち》につけます。走《はし》るときは、かかとをずっとあげていますから、一時的《いちじてき》に足指型《あしゆびがた》になる、といえます。

それでは、ヒトは、指先《ゆびさき》だけで立つ、ひづめ型《がた》のまねができるでしょうか？

やはり、指先で立つことは無理《むり》です。訓練《くんれん》をうけていない者《もの》が、うっかり指先だけで立とうとすれば、ころんでしまい、また、足指《あしゆび》を折《お》ってしまうでしょう。

けれども、バレリーナがトー・シューズをはけば、足指の先《さき》で歩くことができますね。その歩き方《かた》は、じつに軽《かろ》やかで美《うつく》しいのですが、そのバレリーナでも、全力《ぜんりょく》で走ることは、とても難《むずか》しいでしょう。

このように、歩くときの地面《じめん》への足のつけ方には、三種類《しゅるい》がありますが、そのなかで、もっとも原始的《げんしてき》なのが、足《あし》うら型《がた》で、のそのそ歩くイモリやワニの足が、これにあたります。それはヤツデの葉《は》の形《かたち》のようで、足うらを地面にぺったりつけます。

つまり、速《はや》く歩いたり、走《はし》ったりする哺《ほ》乳類《にゅうるい》になると、進化《しんか》した形《かたち》の足指型やひづめ型がでてくるのです。

こういう動物《どうぶつ》の足の、地面につく面積《めんせき》はせまいのですが、机《つくえ》のあしのように、四本あしなので、しっかり立ち、また歩くことができます。

ヒトは二本足で立つので、たおれやすいのですが、じっさいは、しっかり立ちます。

図《ず》をみてください。A《エー》のような、上の部分《ぶぶん》がつながっている二本の角棒《かくぼう》は、地《ち》上《じょう》に立たせても、たおれやすいのですが、B《ビー》のように、それぞれの棒の下端《かたん》に、平《ひら》たい角棒をL《エル》の字のようにとりつければ、二本の棒は立ちます。ヒトの二本足は、そのようなものです。ヒトの下肢《かし》の先端《せんたん》は、直角《ちょっかく》に曲《ま》がり立つことを支《ささ》えます。

もちろん、それだけによるのではなく、発達《はったつ》したヒトの脳《のう》が命令《めいれい》をだし、体《からだ》じゅうの筋肉《きんにく》が働《はたら》き、前後左右《ぜんごさゆう》に、たおれないようにうまくつりあって、ヒトの体は立つのですが……。

ヒトの足《あし》あとは、ワニやトカゲとおなじ足うら型《がた》ですが、これらともちがって、かなり奇妙《きみょう》です。しかし、ヒトの足は、たいへんすぐれたものなのです。

それは、どうしてでしょうか？

注② 日本は第《だい》一次《じ》世界《せかい》大戦《たいせん》（一九一四～一九一八年）に参戦《さんせん》し、それまでドイツが支配《しはい》していたミクロネシアの島々《しまじま》を、一九一四年に占《せん》領《りょう》しました。一九二〇年から委任統治《いにんとうち》がはじまり、日本の支配は太平洋戦争《たいへいようせんそう》（一九四一～一九四五年）がはじまって一九四三年にアメリカ軍《ぐん》に敗《やぶ》れるまで続《つづ》きました。

14

足《あし》のなかにはバネがある

ヒトの足《あし》あとは、ほかの足うら型《がた》の動物《どうぶつ》とは、つぎのように、だいぶ異《こと》なっています。

イ　足うらは、前後《ぜんご》にかなり長い
ロ　かかとは、きわめて大きい
ハ　足指《あしゆび》は足うらにくらべて、ごく短《みじか》い
ニ　親指《おやゆび》は、ほかの四本指より、はるかに大きい
ホ　足うらに、土踏《つちふ》まずがある

ヒトのいちばんの特徴《とくちょう》は、二本の下肢《かし》で立って、直立姿勢《ちょくりつしせい》をとって歩くことです。そのような、ヒトの体《からだ》の土台《どだい》となっているのが、ヒトの独特《どくとく》の「足《あし》」なのです。足のなかには、思《おも》わぬしかけができています。

ヒトの足のなかでは、くるぶしの関節《かんせつ》と、足指《あしゆび》の根《ね》もとの関節以外《いがい》は、多《た》数《すう》の小さな骨《ほね》が、たがいにしっかり組《く》みあわさり、かんたんには動《うご》きません。これらの足の骨格《こっかく》を内側《うちがわ》からみると、図《ず》のように足の骨全体《ぜんたい》でアーチ(弓形《ゆみがた》)をつくっています。

かかとの骨は、いちだんと大きいもので、それはアーチの一端《いったん》を形《かたち》づくっています。足を一歩《いっぽ》前へだしたとき、さいしょにどすんと地面《じめん》にあたるのが、このかかとの骨です。ですから、ほかの動物《どうぶつ》のものとくらべても、ヒトのかかとの骨は、とびぬけて大きいのです。

アーチのもうひとつの端《はし》は、五本の足指の根《ね》もとです。この、小さな骨が

足の骨《ほね》

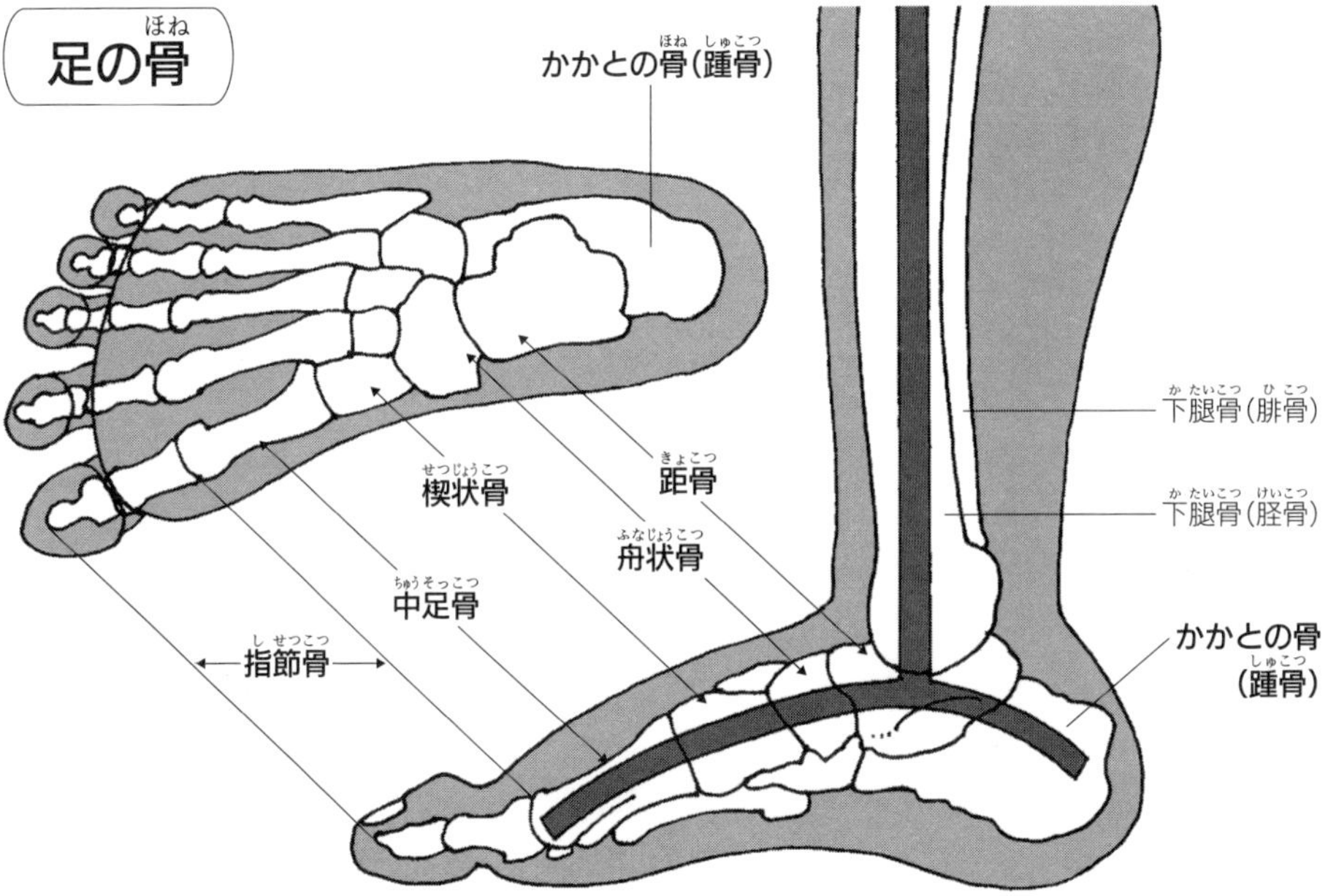
かかとの骨《ほね》(踵骨《しゅこつ》)
下腿骨《かたいこつ》(腓骨《ひこつ》)
下腿骨《かたいこつ》(脛骨《けいこつ》)
距骨《きょこつ》
楔状骨《せつじょうこつ》
舟状骨《ふなじょうこつ》
中足骨《ちゅうそっこつ》
かかとの骨
(踵骨《しゅこつ》)
指節骨《しせつこつ》

つくったアーチの上に、からだ全体《ぜんたい》の重《おも》みが加《くわ》わるのです。もちろん、アーチはすこしたわみますが、重みが外《はず》れると、もとへかえります。

つまり、アーチは、バネの役《やく》を果《は》たしているのです。このバネが働《はたら》くので、ヒトが歩くさい、足は、ごくなめらかに運《はこ》ばれます。また、かかとには、ずしりと体重《たいじゅう》がかかりますが、このバネが衝撃《しょうげき》を弱《よわ》めます。

ヒトが歩くとき、足のうらが地面《じめん》につく順序《じゅんじょ》があります。

まず、かかとから地《ち》につき、つぎに、

●足のうらが地面《じめん》につく順序《じゅんじょ》

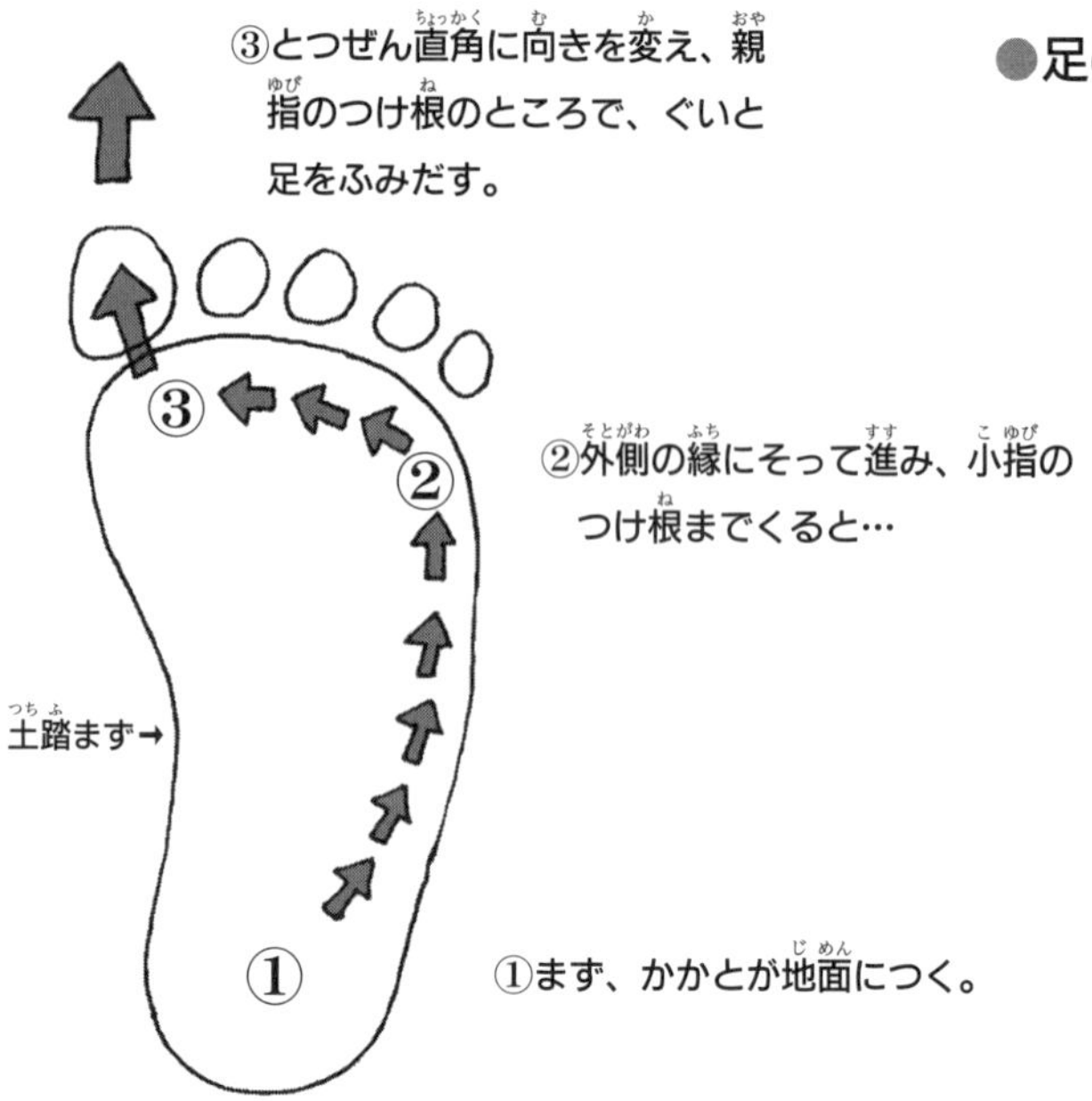

③とつぜん直角《ちょっかく》に向《む》きを変《か》え、親《おや》指《ゆび》のつけ根《ね》のところで、ぐいと足をふみだす。
③
②外側《そとがわ》の縁《ふち》にそって進《すす》み、小指《こゆび》のつけ根《ね》までくると…
②
土踏《つちふ》まず→
①
①まず、かかとが地面《じめん》につく。

③
②
①

足うらの外側《そとがわ》の縁《ふち》にそって前向《まえむ》きに進《すす》み、それが小指《こゆび》のつけ根《ね》までくると、とつぜん、内側《うちがわ》へ直角《ちょっかく》に向《む》きを変《か》え、親指《おやゆび》のつけ根が地面《じめん》につくころには、もう、かかとはもちあがりはじめています。

この親指のつけ根で、ぐいと足をふみだし、足は地面から離《はな》れます。このとき、足指が短《みじか》いほうが、踏《ふ》みだしやすくなります。ただ、そのなかで、親指だけが他《た》の指《ゆび》よりぐんと大きいのは、踏みだすとき、この指に大きな力《ちから》が入《はい》るからです。

以上《いじょう》のように、長々《ながなが》と述《の》べましたが、それは、ほんのわずかな一瞬《いっしゅん》の動《うご》きなのです。もちろん、足のなかにあるアーチのバネが、その動《うご》きを大いに助《たす》けます。

ヒトの足のアーチを、さらにくわしくみてみましょう。すると、親指《おやゆび》のつけ根《ね》からかかとにかかるアーチがいちばん高く、あとはかたむいた屋根《やね》のように、小指側《こゆびがわ》にむかって低《ひく》くなっていることがわかります。

このような形《かたち》のアーチが足のなかにあるので、足うらには、土踏《つちふ》まずがつくられます。健康《けんこう》な足の足あとには、かならず、土踏まずの凹《へこ》みがあります。

これが、ヒトの足あとの形《かたち》を、なんとなくおもしろいものにしています。

サルは木登《きのぼ》り名人《めいじん》で、森にすむため、手の指《ゆび》とおなじように、足の指で枝《えだ》をにぎることができます。しかし、ヒトの足は、もっぱら歩くことにつかわれるため、足の指は短《みじか》くなり、また、ものをにぎれなくなりました。

ところが、生《う》まれて間《ま》もなくの赤ちゃんは、足の指をかなりよく動かします。そして、子どものうちは、足の指でものをつまんだり、はさんだりして遊《あそ》ぶことが多《おお》いのです。

不精《ぶしょう》して、立ったまま、床《ゆか》の上の靴下《くつした》を足の指でつまんでとりあげ、「ぎょうぎが悪《わる》い」と叱《しか》られたことはありませんか。

じつは、人にもよりけりですが、子どものうちから訓練《くんれん》をうければ、左右《さゆう》の足指《あしゆび》をうまくつかって、タイプライターをたたいたり、筆《ふで》をもって絵を描《えが》いたりできるものです。

だいぶ昔《むかし》の話ですが、このことをテレビでみて、当時《とうじ》、小学四年生だったわたしの娘《むすめ》が感激《かんげき》し、風呂場《ふろば》で足を洗《あら》ってから、左右の足指をつかって、つかいにミカンの皮《かわ》をむいてしまいました。わたしは、わずかしか自分《じぶん》の足の指は動《うご》かせませんが、娘の器用《きよう》な足の指の動きに、舌《した》を巻《ま》いて驚《おどろ》きました。

現代人《げんだいじん》は、はきもの、とくに靴《くつ》をはきます。きゅうくつな靴を一日じゅうはいていると、痛《いた》いばかりか、いつのまにか、足の形《かたち》が歪《ゆが》んだり、骨《ほね》のでっぱりがひどくなったりします。成長《せいちょう》している子どもの靴は、とくに、よく足にあったものをはかないと、困《こま》ったことになります。

さいわい、多《おお》くの日本人は、家《いえ》に帰《かえ》ると、靴《くつ》をぬぎ、素足《すあし》ですごす習慣《しゅうかん》があります。おかげで、足は牢屋《ろうや》から解放《かいほう》されたように、くつろぎます。

また、足を清潔《せいけつ》にしておくことは、たいせつなことです。

15 ヒトは立って歩く

ヒトの下肢《かし》は、ウマの後肢《こうし》にあたります。左の図《ず》で、それらの各部分《かくぶぶん》をくらべてみます。

ヒトでは、大腿《だいたい》がいちばん長く、かかとから先《さき》の足《あし》が、もっとも短《みじか》いのですが、反対《はんたい》に、ウマでは大腿がもっとも短《みじか》く、足がもっとも長いことがわかるでしょう。

もし、ウマのかかとが、ヒトのように地《ち》につくものとしたならば、ウマはたいへんな大足《おおあし》になり、立った姿《すがた》は、とてもぶかっこうになるでしょう。背《せ》も、かなり低《ひく》くなります。

ヒトの下肢《かし》とウマの後肢《こうし》をくらべると…

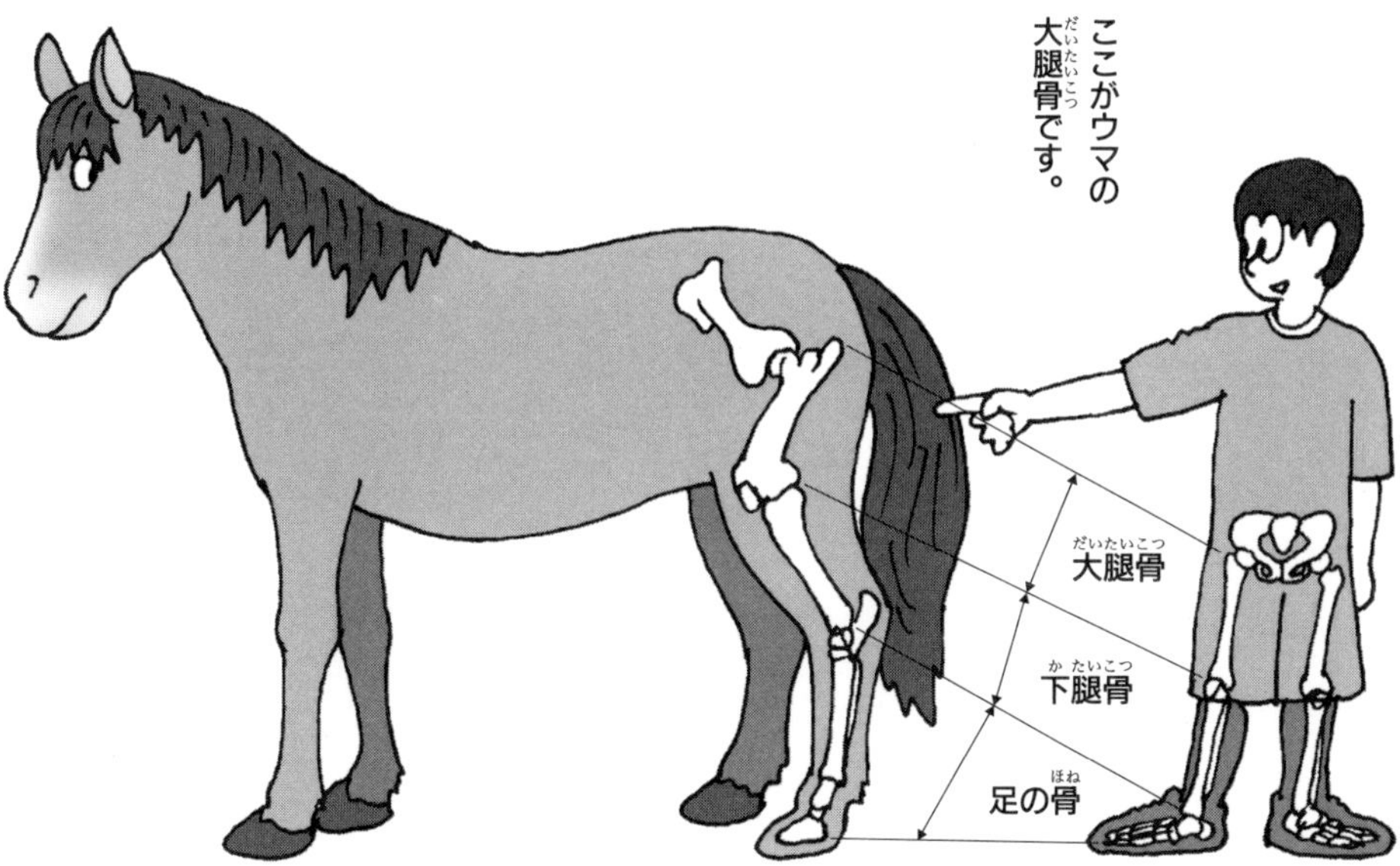
ここがウマの
大腿骨《だいたいこつ》です。
大腿骨《だいたいこつ》
下腿骨《かたいこつ》
足の骨《ほね》

これなら
わたしのほうが
速《はや》いでしょうね。

ウマのひざは、いつも大きく曲《ま》がっていますが、ヒトのひざは、立っているときはまっすぐのびており、歩いているときも、あまり曲がりません。ひざが大きく曲がるのは、すわったり休《やす》んだりするときだけです。

ヒトのひざがのびているのは、二本の下肢《かし》だけで、いつも重《おも》い自分《じぶん》の体重《たいじゅう》を担《にな》っているからです。その点、体《からだ》の重いゾウのあしは、ひざも足くびも、かなりまっすぐのびて、重い体を支《ささ》えます。そこで、ゾウは、ゆっくりあしを動《うご》かし、のっそり歩くのです。

いっぽう、ウマのひざは大きく曲がっていますが、このほうが、のびているときよりも、大腿骨《だいたいこつ》と下腿骨《かたいこつ》のあいだに張《は》っている筋肉《きんにく》の力《ちから》が、はるかに強《つよ》く働《はたら》くからです。ウマの大腿は、ほんとうに太《ふと》いのです。

ゾウとは反対《はんたい》に、体の軽《かる》いネズミのあしは、ひざと足くびで大きく曲がっていますから、筋肉はすぐ強い力をだせます。そのため、ネズミは、すばやくあしを動かし、ちょこちょこ走《はし》りまわれるのです。

いろいろの哺乳類《ほにゅうるい》の後肢《こうし》とヒトの下肢《かし》をくらべると…

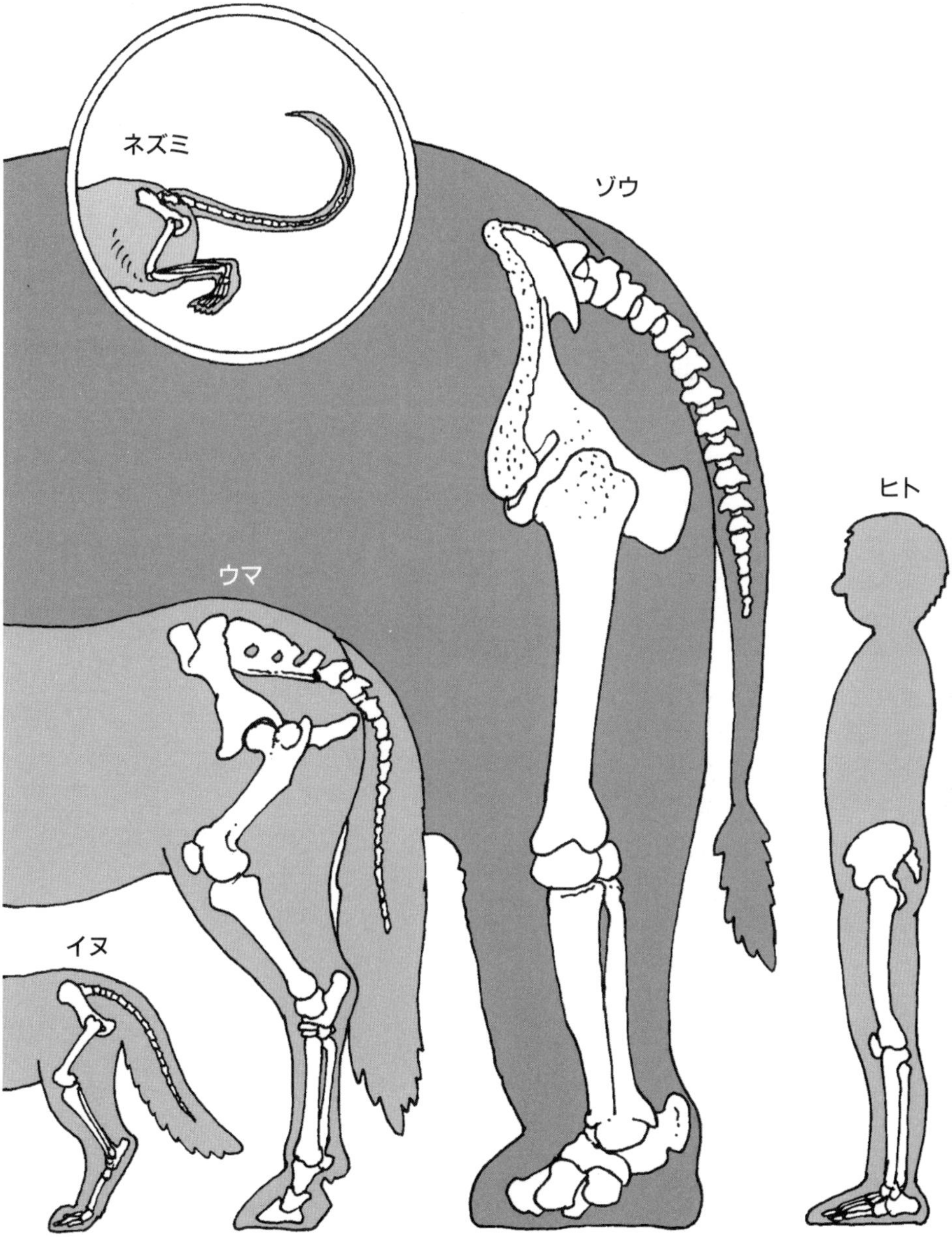

●ふくらはぎのなかの筋肉《きんにく》は…

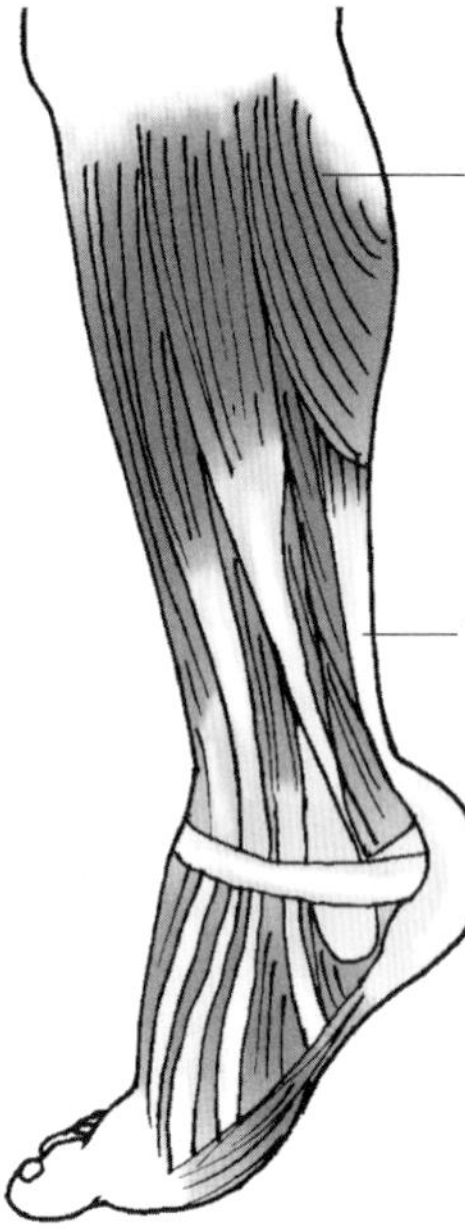
下肢三頭筋《かしさんとうきん》
アキレス腱《けん》

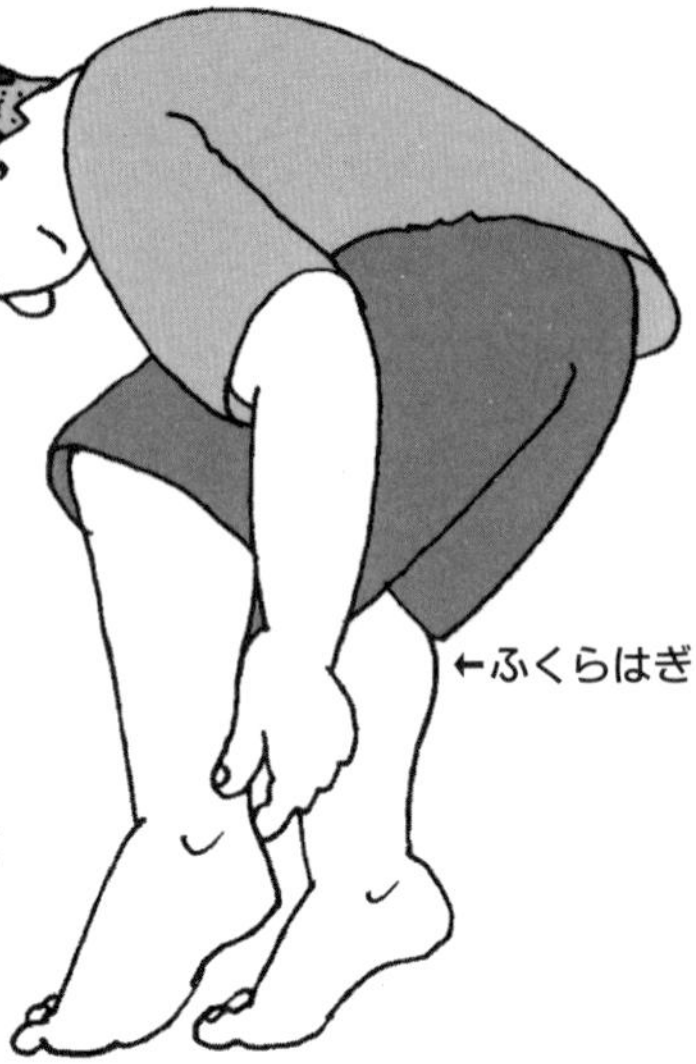
このへんがアキレス腱《けん》だね。歩いたり、走ったり、体重《たいじゅう》を支《ささ》えるために、たくさんの筋肉《きんにく》や腱があるんだね……。
←ふくらはぎ

さて、ヒトのふくらはぎは、ずいぶん太《ふと》いですね。これは、ヒトの歩き方と深《ふか》く結《むす》びついています。ヒトが歩くときは、アキレス腱《けん》をとおしてかかとをあげます。かかとをあげるのが、ふくらはぎのなかの筋肉《きんにく》（下肢三頭筋《かしさんとうきん》）なのです。

背《せ》のびしてみると、そのことがよくわかります。背のびするとき、かかとをあげてつま先立《さきだ》ちになりますが、そのとき、ふくらはぎに力《ちから》が入《はい》り、その部分《ぶぶん》が固《かた》くなっているでしょう。歩くということは、左右《さゆう》の脚《あし》で、かわりばんこにかかとをあげ、つま先立ちして、前へたおれかかる

ことをくりかえす動作《どうさ》だ、ともいえます。

つまり、ヒトが歩くときには、一本の脚《あし》が地面《じめん》についていますから、一輪車《いちりんしゃ》でこいでいるようなものです。また、ウマやイヌが歩くばあい、四本のうちの二本の脚を地面につくので、これを、二輪の自転車《じてんしゃ》にたとえることができます。

歩きながら、ヒトは腕《うで》を前後《ぜんご》にふります。右脚《みぎあし》がでれば、左腕《ひだりうで》を前へだし、つぎに左脚がでれば、右腕を前にだします。これだと、からだの重《おも》さのつりあいがとれますね。

よい歩き方をするには、背《せ》すじをしっ

かり立て、あしをできるだけのばして前へだし、腕《うで》を自然《しぜん》にふればよいのです。なお、体《からだ》の上下《じょうげ》のゆれを小さくすることも、たいせつです。

多《おお》くの四足獣《しそくじゅう》やサルでは、しっぽでつりあいをとっていました。しかし、ヒトには、しっぽはありません。脊柱《せきちゅう》のいちばん下の尾骨《びこつ》は、そのなごりですが、表《おもて》からはみえません。直立《ちょくりつ》した姿《すがた》で、しっぽが覗《のぞ》いていたら、どんなにおかしくて、邪魔《じゃま》なことでしょう。

ヒトは直立したので、眼《め》の位置《いち》がぐんと高くなり、常《つね》に、はるか遠《とお》くをみるこ

まわれ右は
人間《にんげん》のほうが
速《はや》いや…

とができるようになりました。四本《よんほん》あしの動物《どうぶつ》の顔《かお》は、からだのいちばん前にあり、目につきやすいのですが、ヒトの顔は、立った体《からだ》のいちばん上近くに、前向《まえむ》きにつきます。おかげで、ヒトの顔は、旗《はた》のように、いっそう目につきやすいものになりました。

ところで、学校の体操《たいそう》の時間《じかん》には、「まわれ、右」という号令《ごうれい》で、みなさんはいっせいに、片《かた》あしのかかとのところで、ぐるりと右を向《む》きますね。これだけでなく、家をでて、すぐ忘《わす》れものをしたことに気《き》がつくと、そのまま、ぐるっと体の向《む》きを変《か》えて、もどります。ヒトは、これらをすばやくやってのけます。

しかし、四本《よんほん》あしの動物《どうぶつ》だと、なんども足を踏《ふ》みかえて、やっとこさで体《からだ》の向きを直《なお》します。それは、自転車《じてんしゃ》や自動車《じどうしゃ》が逆方向《ぎゃくほうこう》を向くのに、手間《てま》がかかるのと、おなじことです。これが一輪車《いちりんしゃ》だと、その場《ば》でくるっとまわって、すぐ、いまきた道を走《はし》りだすことができます。

注意《ちゅうい》しなければならないのは、直立《ちょくりつ》したため、ヒトの胸《むね》と腹《はら》が前向きになったことです。

四足獣《しそくじゅう》では、胸と腹は体《からだ》の下にあるので、ほとんど目につきません。ところが、ヒトでは、でーんと正面《しょうめん》に向いて、たいへんめだちます。とくに、腹は、外《そと》からの力《ちから》に弱《よわ》いところなので、襲《おそ》われでもしたらたいへんです。

しかし、ヒトは、弱みである腹をさらけだすことで、なかま同士《どうし》が、かえって心《こころ》を許《ゆる》しあうようになった、と考《かんが》えることができます。

今日《こんにち》の社会《しゃかい》にくらすヒトは、胸に名札《なふだ》をつけたり、ときには勲章《くんしょう》を飾《かざ》ったりします。もちろん、動物《どうぶつ》たちは、そんなことはしませんね。トラやシマウマなど、哺乳類《ほにゅうるい》には、体《からだ》を独特《どくとく》の縞《しま》や紋《もん》で飾《かざ》られるものが多《おお》いのですが、哺乳類の腹《はら》は、一般《いっぱん》に白っぽかったり無地《むじ》で、他《た》のものの目にはつきません。胸《むね》に名札《なふだ》や勲章《くんしょう》などをつけることは、ヒトになって、胸が、たいへん目につきやすいところになったことを物語《ものがた》ります。

女の人の胸には、乳房《ちぶさ》があります。母親《ははおや》は腕《うで》のなかに乳《ち》のみ子をだき、顔《かお》をみながら、お乳《ちち》をやります。イヌでも、ウシでも、子どもたちが母親の胸や腹《はら》にある乳首《ちくび》にかぶりついても、母親は、そしらぬ顔《かお》をしています。このためヒトやサルでは、母と子の結《むす》びつきは、いっそう強《つよ》くなりました。

このようにして、直立《ちょくりつ》することで、ヒトの生活《せいかつ》はすっかり変《か》わりました。いちばんたいせつなことは、直立したため、ヒトの手や腕《うで》が自由《じゆう》になり、まったく新しい仕事《しごと》をするようになったことです。

手に石をもって投《な》げたり、棒《ぼう》をにぎって動物《どうぶつ》と戦《たたか》ったりします。いろいろな道具《どうぐ》をつくり、そして、つかいます。

石で刃物《はもの》をつくり、これで食物《しょくもつ》を切《き》り、手で口までもっていくようになったので、ヒトの口は小さくてすむようになりました。獲物《えもの》を背中《せなか》にせおって、家族《かぞく》のもとへ運《はこ》びます。おかげで、ヒトの生活《せいかつ》も、体《からだ》も、大きく変《か》わることができました。

今日《こんにち》、ヒトは他《た》の動物《どうぶつ》たちと、大きく異《こと》なった活動《かつどう》をし、また、ほかにはない社会にくらしていますが、それらはすべて、ヒトが直立姿勢《ちょくりつしせい》をとったことからはじまったのです。

しかし、直立《ちょくりつ》したことは、ヒトによいことばかりもたらしたわけではありません。

一般《いっぱん》の動物の胴体《どうたい》は、水平《すいへい》です。胃《い》や腸《ちょう》など、内臓《ないぞう》は、この胴体の内部《ないぶ》に、前後《ぜんご》にならんでいます。ところが、直立したヒトでは、これらの内臓は、上《じょう》下《げ》に重《かさ》なります。下の内臓には、大きな重《おも》みが加《くわ》わります。そのことからお

●ヒトとブタ(四足獣《しそくじゅう》)の内蔵《ないぞう》をくらべると…

ヒトの内臓《ないぞう》は、上下《じょうげ》に重《かさ》なっているので、四足獣《しそくじゅう》にはみられない病気《びょうき》があらわれる。

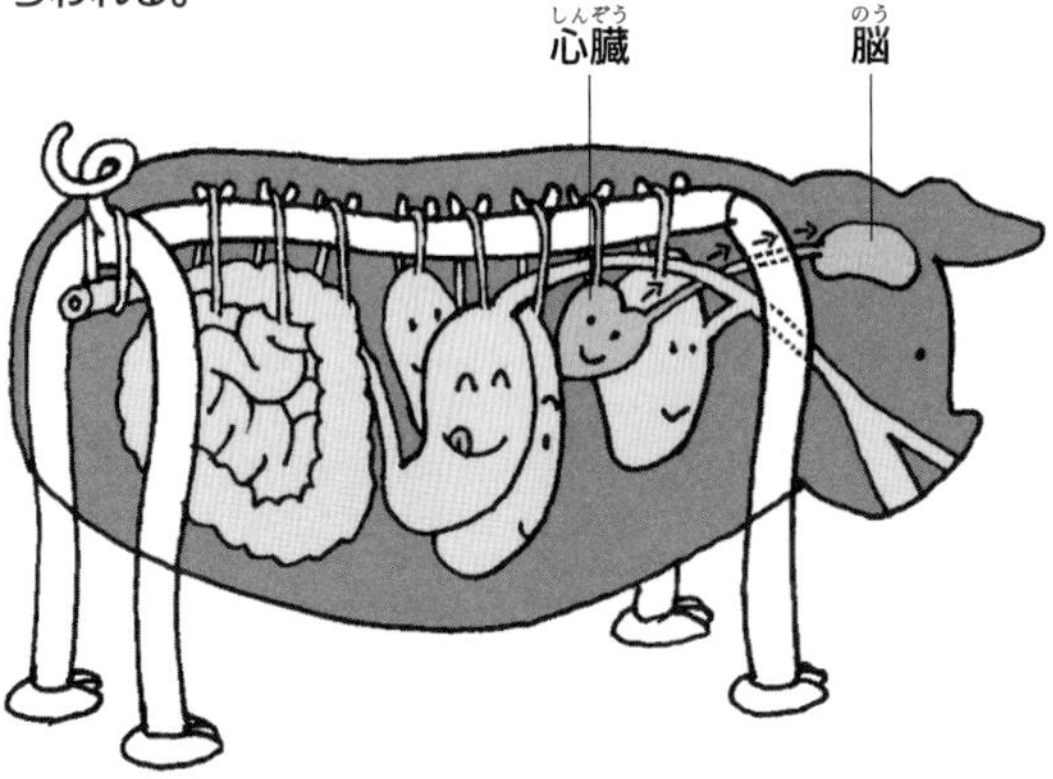

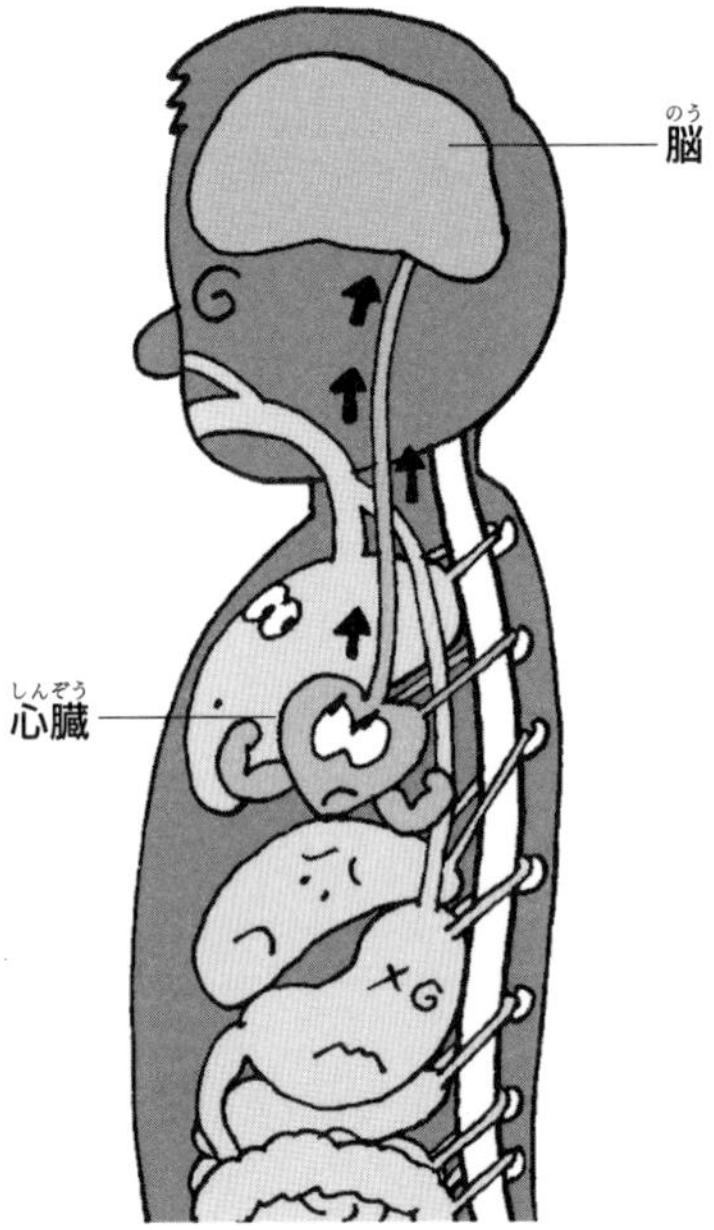

こる病気《びょうき》もあります。

ブタやイヌでは、脳《のう》と心臓《しんぞう》の高さは、あまりちがいませんが、ヒトの脳は心臓より、はるか高いところにあります。

心臓は、血液《けつえき》をおくるポンプの役割《やくわり》をもっていますから、ヒトでは、脳まで血液をおくるには、ずいぶん力《ちから》がいります。急《きゅう》に立ちあがると、目まいをおこすことがありますが、それは、脳へいく血《ち》が不《ふ》足《そく》したからです。ブタの目まいなどは、ききませんね。

昔《むかし》の人は、よく腰《こし》を曲《ま》げて、はげしく働《はたら》きました。そのため、多《おお》くの人は、年をとると腰《こし》が曲《ま》がり、杖《つえ》をつくので、三本のあしで歩くようになりました。しかし、今日《こんにち》では、機械《きかい》をもちいたり、作業《さぎょう》をうまくおこなったりするようになって、腰《こし》の曲《ま》がった老人《ろうじん》は少《すく》なくなりました。

それでも、多《おお》くの人は、腰や肩《かた》や背中《せなか》が痛《いた》い、と訴《うった》えます。それは、直立《ちょくりつ》姿勢《しせい》に、うまくあわせることに失敗《しっぱい》しているからです。

みなさんは、よい姿勢《しせい》をとって、椅子《いす》にすわり、机《つくえ》に向《む》かっているでしょうか。ノートに字《じ》を書《か》いたりするとき、背中を丸《まる》めていませんか。

直立姿勢といっても、けっして難《むずか》しいことではありません。ごく身近《みぢか》なところから、よい姿勢をとるように、つとめてください。

そして、赤ちゃんが這《は》い這いから、どうにかして立ちあがろうとするときの姿を、思いだしてください。あのときの意気《いき》ごみを忘《わす》れなかったならば、まだまだ、いろんなことができますね。

三六〇万年前《まんねんまえ》、ヒトの祖先《そせん》は、親子《おやこ》がならんで二本足《にほんあし》で歩いた足あとを、アフリカのタンザニアの地面《じめん》にのこしました。今日《こんにち》、それは化石《かせき》となって、岩《いわ》の上《うえ》に印《しる》されています。わたしたち現代人《げんだいじん》は、後《のち》の世《よ》に、どういう足あとをのこすでしょうか。

おわりに

香原志勢

私《わたし》が小学生のころ（太平洋戦争直前《たいへいようせんそうちょくぜん》）には、児童向《じどうむ》けはもろん、一般向《いっぱんむ》けの科学書《かがくしょ》もごく少数《しょうすう》でした。それでも、魚類学者《ぎょるいがくしゃ》の大島正満氏《おおしままさみつし》の『動物物語《どうぶつものがたり》』や『動物奇談《どうぶつきだん》』は、当時《とうじ》の少年たちの知的《ちてき》好奇心《こうきしん》をそそる本で、幼《おさな》い私の座右《ざゆう》の書《しょ》でした。同年輩者《どうねんぱいしゃ》の間《あいだ》でも、この本で動物への眼《め》を開かれ、また猛獣狩《もうじゅうが》り話《ばなし》に心を踊《おど》らされたという者《もの》が少なからずいます。大袈裟《おおげさ》にいえば、私が生物学《せいぶつがく》を志《こころざ》し、ついには人類学《じんるいがく》を学《まな》ぶ者になったきっかけは、これらの本による刺戟《しげき》だと申《もう》せましょう。

それだけに、いつか私も、次世代《じせだい》を担《にな》う少年たちのためになるような本を書きたい、と思っていました。たまたま偕成社《かいせいしゃ》より執筆《しっぴつ》の依頼《いらい》を受《う》けました。そこで、人体《じんたい》をじっくり観察《かんさつ》することを通《とお》して、人間自身《にんげんじしん》を考える本でも書ければと思いました。

人体というと、とかく医学畑《いがくばたけ》の人のとり扱《あつか》うものと考えられています。しかし、私たちは、べつに病気《びょうき》や怪我《けが》をするために体《からだ》をもっているわけではありません。もっと広く体のあり方を考えていくべきでしょう。そこで、各種動物《かくしゅどうぶつ》と比較《ひかく》しながら、ヒトの体を検討《けんとう》すれば、両者《りょうしゃ》の共通点《きょうつうてん》、相違《そうい》点《てん》を知ることができて、人体自体《じんたいじたい》の特色《とくしょく》を理解《りかい》できるでしょう。また、ヒトの体《からだ》ばかりか、ヒトが来《き》た道や、人間《にんげん》のあり方をも考えていけるでしょう。

そこで、まず本書《ほんしょ》では、日常的《にちじょうてき》に、文字通《もじどお》り人体の基礎《きそ》となっているあし、や背骨《せぼね》を中心に、二本足で立つことに注目《ちゅうもく》しました。

しかし、皮肉《ひにく》なことに、とあることで私《わたし》は腰椎《ようつい》を痛《いた》め、ついに、ほとんど歩けなくなりました。幸《さいわ》い名医《めいい》のおかげで手術《しゅじゅつ》は成功《せいこう》し、元通《もとどお》りに歩けるようになりました。また、人間にとり、二本足で立ち、歩くということの重要《じゅうよう》さを、図《はか》らずも私は身《み》をもって知ることができました。

本書を通して、少年諸君《しょくん》が、日ごろ姿勢《しせい》をただし、しっかり歩くことを実践《じっせん》してもらえれば、望《ぼう》外《がい》の喜《よろこ》びです。さいごに、つだかつみさんが、一目で内容《ないよう》がわかる楽しい画を添《そ》えてくださったことに感謝申《かんしゃもう》しあげます。

わたしの研究⑫二本足で立つって どういうこと？

発　行　2008年10月１刷

著　者　香原志勢

発行者　今村正樹

発行所　株式会社 偕　成　社
東京都新宿区市谷砂土原町3-5（〒162-8450）
電話 (03)3260-3221(販売)，(03)3260-3229(編集)
http://www.kaiseisha.co.jp/

印刷所　大日本印刷(株)

製　本　DNP製本(株)

NDC491 125p 22cm ISBN978-4-03-634740-7

乱丁本・落丁本はおとりかえいたします。

Published by KAISEI-SHA Printed in Japan
＊本のご注文は電話・ファックスまたはEメールでお受けしています。
Tel:03-3260-3221(代) Fax:03-3260-3222 e-mail:sales@kaiseisha.co.jp

わたしの昆虫記

矢島 稔

冬でも色とりどりのチョウが舞う世界一の「昆虫園」を創りあげた著者の、五〇年に及ぶ体験のなかから、特に興味深いテーマを厳選。昆虫を通して自然との共生を願う著者のライフワーク！

❶ 黒いトノサマバッタ

緑色のバッタが、なぜ黒くなるのか？「昆虫園」という現場で、日々つきあい続けることによって、初めて明らかになる本当の正体。推理小説のような面白さ。

小学館児童出版文化賞・産経児童出版文化賞理想教育財団賞

❷ ホタルが教えてくれたこと

なぜ、ホタルだけを増やすことはできないのか？ 理想の飼育場をめざした著者に、ホタルたちが教えてくれた自然のひみつとは……。環境問題の核心を描き出します。

産経児童出版文化賞推薦

❸ チョウとガのふしぎな世界

チョウとガは、どこがちがうのか？ 長年にわたって自然と深くかかわってきたナチュラリストの目を通し、たくさんの疑問や未解決の問題の謎解きに挑戦します。

産経児童出版文化賞推薦

❹ 樹液をめぐる昆虫たち

樹液を求めて昆虫たちが集まる夏の雑木林。しかし、樹液の出る木は少なく、その原因も長い間、謎でした。たくさんの謎に満ちた雑木林の自然を解き明かします。

産経児童出版文化賞

❺ 心にひびけカンタンの声

ルルル…と鳴くカンタンの音色は、スズムシについで日本人に愛されてきた秋のメロディー。著者は、その驚くべき一生を五〇年間の研究から明らかにしますが、さらに新しい謎が…。

＊❻ ハチとアリ——フィールドに本能の進化を追って

葉の中に産卵するハバチ。青虫を狩る狩りバチ。花粉や蜜を集め、家族を営むハナバチ。巨大な巣をつくり、組織だった社会生活を営むミツバチやアリ。本能の進化を著者自らのフィールドに追う。

定価 各［本体価格1,600円＋税］（2008年９月現在）　＊は未完（2008年９月現在）